U0292858

虚拟农业技术应用

刘桂阳　王　娜　李龙威　齐　瑛　著

哈尔滨工程大学出版社
Harbin Engineering University Press

内容简介

本书以现代化大农业生产过程为研究背景，对农业生产要素的各个环节进行分析，并利用虚拟现实技术方法对关键数据进行提取与分析，生成了各种虚拟仿真模型。本书介绍了虚拟现实相关技术、虚拟农场地形地貌建模、农田作业机械虚拟实验、撒肥虚拟仿真、喷灌车虚拟现实展示、昆虫电子标本信息系统、水稻作业区虚拟现实设计等内容。

本书可供计算机与农业等相关专业的技术人员参考使用。

图书在版编目(CIP)数据

虚拟农业技术应用/刘桂阳等著. —哈尔滨：哈尔滨工程大学出版社，2021.11
ISBN 978-7-5661-3362-5

Ⅰ. ①虚… Ⅱ. ①刘… Ⅲ. ①虚拟技术-应用-农业技术 Ⅳ. ①S126

中国版本图书馆 CIP 数据核字(2021)第 247556 号

虚拟农业技术应用
XUNI NONGYE JISHU YINGYONG

选题策划 姜　珊
责任编辑 姜　珊
封面设计 李海波

出版发行 哈尔滨工程大学出版社
社　　址 哈尔滨市南岗区南通大街 145 号
邮政编码 150001
发行电话 0451-82519328
传　　真 0451-82519699
经　　销 新华书店
印　　刷 哈尔滨午阳印刷有限公司
开　　本 787 mm×1 092 mm 1/16
印　　张 12
字　　数 305 千字
版　　次 2021 年 11 月第 1 版
印　　次 2021 年 11 月第 1 次印刷
定　　价 45.00 元
http://www.hrbeupress.com
E-mail:heupress@hrbeu.edu.cn

前　言

近年来,虚拟现实技术的发展日趋成熟,其在各种领域上的应用也越来越广泛。在现代化大农业高速发展的今天,利用虚拟现实技术开发的各种与农业生产相关的作品也越来越多。黑龙江八一农垦大学面向黑龙江垦区,承担了大量的研究课题。其中,很多课题的研究成果都需要利用虚拟现实技术来模拟工作原理,以更加直观的方法来展示研究成果。作者通过多年研究积累了大量的工作经验,在现代化大农业的多个领域上研发出了数个虚拟现实作品,制作了很多合理的解决方案,设计了很多高效率的模拟仿真算法。在此,将这些技术和项目进行汇总和提炼,撰写了本书。

本书以现代化大农业生产过程为研究背景,对农业生产要素的各个环节进行分析,并利用虚拟现实技术方法对关键数据进行提取与分析,生成了各种虚拟仿真模型。书中介绍了虚拟现实相关技术、虚拟农场地形地貌建模、农田作业机械虚拟实验、撒肥机虚拟仿真、喷灌车虚拟现实展示、昆虫电子标本信息系统、水稻作业区虚拟现实设计,结合不同用户的实际需求,实现了应用于高校教学、农业科研、农场生产、农业观光旅游等不同环境下的虚拟现实系统。

本书涉及如下科研项目。

1. 纵向课题

(1)黑龙江省高等教育教学改革研究项目《农田作业机械虚拟仿真实验平台建设》(2008.03—2009.06);

(2)大庆市科学技术计划项目《大庆市旅游区虚拟仿真系统构建与应用》(2008.03—2011.06);

(3)黑龙江省高等教育教学改革研究项目《基于项目驱动的开放式教学模式的探索与实践》(2013.05—2015.06);

(4)黑龙江省大学生创新创业训练计划项目《观光农业园虚拟仿真设计》(2013.05—2014.05);

(5)黑龙江省垦区科技攻关项目《昆虫三维标本网络信息库建设》(2014.09—2016.06);

(6)黑龙江省大庆市指导项目《基于2.5维博物馆可视化管理系统研究》(2015.10—2016.05);

(7)黑龙江省高等教育教学改革研究项目《应用型本科高校校企协同育人创新培养模式的探索与实践——以计算机专业为例》(2020.07—2021.12);

(8)黑龙江省大庆市指导项目《基于近红外光谱的面粉中偶氮甲酰胺含量检测方法的研究》(2020.11—2022.05);

(9)黑龙江八一农垦大学学成人才科研启动计划课题《基于近红外光谱的厌氧发酵原

料快速评价方法研究》(2020.06—2023.06);

(10)黑龙江省省属高等学校基本科研业务费科研项目《基于近红外联合拉曼光谱的大米品质快速评价方法研究》(2021.08—2022.08)。

2. 横向课题

(1)黑龙江省"电工电子实验示范教学中心"研究项目《水稻格田 PLC 控制箱虚拟装配实验》;

(2)黑龙江农垦总局社会服务项目《七星农场科技园区水稻循环水利用》《八五九农场水稻生长环境监测与控制系统》《庆丰农场现代农业展示区》等。

本书的出版得到了黑龙江八一农垦大学学术专著、论文资助计划基金的资助与支撑,在此表示感谢。

本书由黑龙江八一农垦大学刘桂阳、王娜、李龙威、齐瑛共同撰写。其中,刘桂阳、王娜、李龙威为黑龙江八一农垦大学信息与电气工程学院教师;齐瑛为黑龙江八一农垦大学现代教育技术与信息中心管理人员。本书第 1,2 章由刘桂阳撰写;第 5,7 章由王娜撰写;第 3,4,6 由李龙威撰写;齐瑛负责脚本校对和排版工作。

如对本书有任何疑问,请联系 Email:guiyangliu@126.com。

著　者

2021 年 8 月

目　　录

1　虚拟现实相关技术

1.1　虚拟现实技术概述

1.1.1　简介

虚拟现实技术(virtual reality technology,VR)是仿真技术的一个重要方向,是仿真技术与计算机图形学、人机接口技术、多媒体技术、传感技术和网络技术等多种技术的集合,是一门富有挑战性的交叉技术、前沿学科和研究领域。虚拟现实技术主要包括模拟环境、感知、自然技能和传感设备等方面。模拟环境是指由计算机生成的、实时动态的三维立体逼真图像;感知是指理想的虚拟现实应该具有人所具有的一切感知,除计算机图形技术所生成的视觉感知外,应有听觉、触觉、运动等感知,甚至还包括嗅觉和味觉感知等,也称为多感知;自然技能是指人的头部转动、手势或其他人体行为动作,由计算机来处理与参与者的动作相适应的数据,对用户的输入做出实时响应,并分别反馈到用户的五官;传感设备是指三维交互设备。

1.1.2　发展历史

虚拟现实技术发展历史,大体上可以分为四个阶段:有声、形、动态的模拟是蕴涵虚拟现实思想的第一阶段(1963 年以前);虚拟现实萌芽为第二阶段(1963—1972 年);虚拟现实概念的产生和理论初步形成为第三阶段(1973—1989 年);虚拟现实理论进一步地完善和应用为第四阶段(1990—2004 年)。

1.1.3　特征

(1)多感知性:指除一般计算机所具有的视觉感知外,还有听觉感知、触觉感知、运动感知,甚至还包括味觉、嗅觉感知等。理想的虚拟现实应该具有一切人所具有的感知功能。

(2)存在感:指用户感到作为主角存在于模拟环境中的真实程度。理想的模拟环境应该达到让用户难辨真假的程度。

(3)交互性:指用户对模拟环境内物体的可操作程度和从环境得到反馈的自然程度。

(4)自主性:指虚拟环境中的物体依据现实世界物理运动定律动作的程度。

1.1.4　应用领域

虚拟现实是多种技术的综合,包括实时三维计算机图形技术,广角(宽视野)立体显示技术，对观察者头、眼和手的跟踪技术，以及触觉反馈、立体声、网络传输、语音输入输出技术等，其应用领域也相当广泛。

1. 虚拟现实在城市规划中的应用

城市规划一直是对全新可视化技术需求最为迫切的领域之一。虚拟现实技术可以广泛地应用在城市规划的各个方面，例如展现规划方案，虚拟现实系统的沉浸感和互动性不但能够给用户带来强烈、逼真的感官冲击，还能使用户获得身临其境的体验。

2. 虚拟现实在医学中的应用

在医学院校，学生可以通过虚拟实验室进行“尸体”解剖和各种手术练习。由于不受标本、场地等的限制，因此培训费用大大降低。一些用于医学培训、实习和研究的虚拟现实系统，仿真程度非常高，其优越性和效果是不可估量和不可比拟的。

3. 虚拟现实在娱乐、艺术与教育中的应用

丰富的感知能力与真实的3D显示环境使得虚拟现实成了理想的视频游戏工具。作为传输显示信息的媒体，虚拟现实在未来艺术领域方面所具有的潜在应用能力也不可低估。虚拟现实所具有的临场参与感与交互能力可以将静态的艺术（如油画、雕刻等）转化为动态的，也可以使观赏者更好地欣赏作品。

4. 虚拟现实在军事与航天工业中的应用

模拟训练一直是军事与航天工业中的一个重要课题，这为虚拟现实提供了广阔的应用前景。虚拟现实可模拟零重力环境，以代替现在非标准训练宇航员的方法。

5. 虚拟现实在室内设计中的应用

虚拟现实不仅仅是一个演示媒体，而且还是一个设计工具。它以视觉形式反映了设计者的思想，把这种构思变成看得见的虚拟物体和环境，使以往只能借助传统的设计模式提升到数字化的、即看即所得的完美境界，大大提高了设计和规划的质量与效率。运用虚拟现实技术，设计者可以完全按照自己的构思去构建、装饰虚拟的房间，并可以任意变换自己在房间中的位置，随意更改设计的效果，直到满意为止。这样既节约了时间，又节省了模型的制作费用。

6. 虚拟现实在房产开发中的应用

随着房地产业竞争的加剧，虚拟现实技术成为了集影视广告、动画、多媒体、网络科技于一体的最新型的房地产营销方式，是当今房地产行业综合实力的象征和标志，其中的核心是房地产销售。同时，在房地产开发中的其他重要环节，包括申报、审批、设计、宣传等方面都对虚拟现实有着非常迫切的需求。

7. 虚拟现实在工业仿真中的应用

虚拟现实技术的引入使工业设计的手段和思想发生了质的飞跃，更加符合社会发展的需要，可以说在工业设计中应用虚拟现实技术是可行且必要的。工业仿真所涵盖的范围很广，从简单的单台工作站上的机械装配到多人在线协同演练系统都属于工业仿真。

8. 虚拟现实在文物古迹中的应用

计算机网络整合统一的大范围内的文物资源，可以利用虚拟现实技术更加全面、生动、逼真地展示文物，从而使文物脱离地域限制，实现资源共享，真正成为全人类可以“拥有”的文化遗产。虚拟现实技术可以推动文博行业更快地进入信息时代，实现文物展示和保护的现代化。

9. 虚拟现实在农业生产中的应用

虚拟农业是由虚拟现实延伸而来的，虚拟农业技术是农业现代化的发展趋势与客观要求，是计算机技术在农业领域应用的更高境界。随着农业问题的研究进展与虚拟现实技术的广泛兴起，虚拟农业技术的应用已成为现代化农业信息的重要手段，也是提高农业资源管理和农业生产力水平的最有效工具。作为农业大国，虚拟农业技术的研究与应用具有重大的意义，它将极大地推动中国的农业生产、新产品研发、病虫害研究，以及农业科研、教学等领域的发展。

1.2 虚拟农业相关的工具软件

开发虚拟现实系统涉及的软件很多，包括图像处理、三维建模、虚拟场景交互等，有时还会涉及音频和视频处理工具。

1.2.1 图像处理工具

1. Adobe Photoshop

Adobe Photoshop，简称 Phototshop 或 PS，是由 Adobe Systems 开发和发行的图像处理软件。Photoshop 主要处理由像素构成的数字图像。Photoshop 中众多的编辑与绘图工具，可以有效地进行图片编辑工作。Photoshop 有很多功能，在图像、文字、视频处理等各方面都有所涉及。

虚拟现实系统一般使用 Photoshop 处理所需要的材料，同类软件还有很多，但功能大多不如 Photoshop 强大。值得一提的是，一些具有特定要求的图像处理，一些小工具有时也非常实用，如 SeamLess 无缝贴图处理工具、批量改名工具等。Photoshop 界面如图 1－1 所示。

图 1－1 Photoshop 界面

2. Adobe Illustrator

Adobe Illustrator 是一种应用于出版、多媒体和在线图像的工业标准矢量插画软件。作为一款非常好的图片处理工具，Adobe Illustrator 广泛应用于海报书籍排版、专业插画、多媒体图像处理和互联网页面的制作等，也可以为线稿提供较高的精度和较好的控制，适合生成任何小型设计及大型复杂的项目。该软件可以用来处理虚拟现实作品中的矢量图形，如一些高清的电路图等。Adobe Illustrator 界面如图 1－2 所示。同类软件还有 Corel Draw 等矢量图形处理工具。

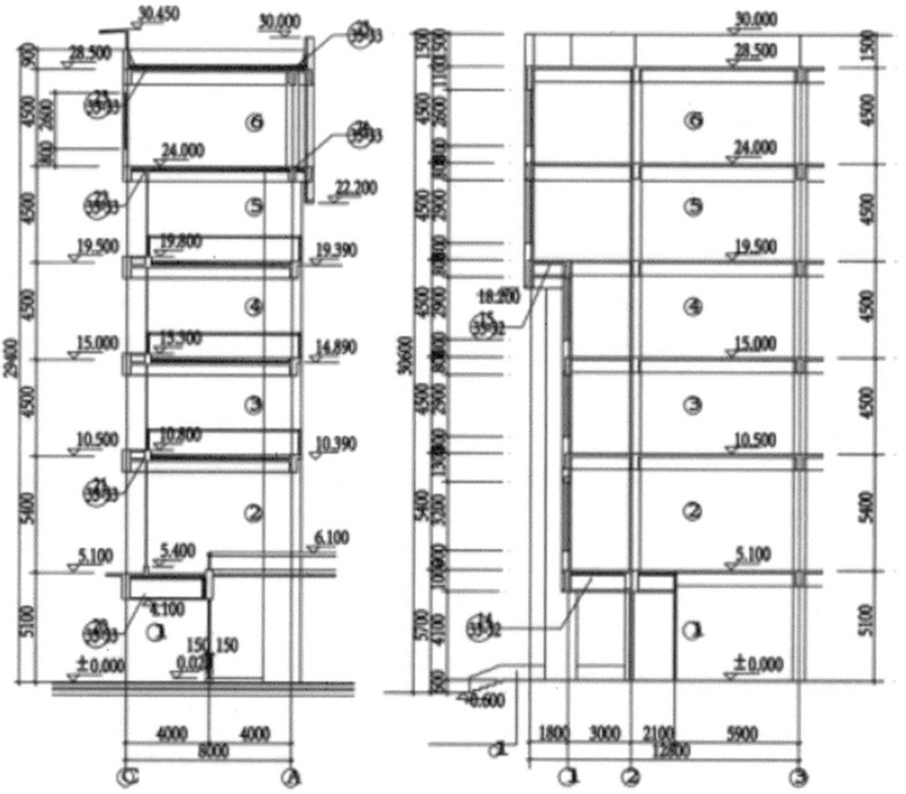

图 1－2　Adobe Illustrator 界面

1.2.2　三维建模工具

1. SketchUp

SketchUp 是一种直接面向设计方案创作过程的设计工具，其创作过程不仅能够充分表达设计师的思想，而且能够完全满足与客户即时交流的需要。同时，SketchUp 可以让设计师直接在电脑上进行十分直观的构思，因此它是三维建筑设计方案创作的优秀工具。SketchUp 界面如图 1－3 所示。作为一款极受欢迎并且易于使用的 3D 设计软件，官方网站将它比作电子设计中的“铅笔”。它的主要卖点就是使用简便，人人都可以快速上手，并且用户可以将使用 SketchUp 创建的 3D 模型直接导出再发布到 Google Earth 系统。

SketchUp(G)增值版是一个由上海曼恒数字独家开发的全新 SketchUp 版本。目前，SketchUp(G)增值版已经开发至第三个版本：G3 版。在原有 G1 版、G2 版已经开发的十几个功能模块上，公司不断吸取用户的反馈意见，针对不同的行业特点对软件进行了完善，并且增加了如任意拉伸、创建等高线和贝塞尔曲面等功能模块，其中最具突破性的变化是加入了最新的 SketchUp 高级渲染器(Podium)。这不仅提高了 SketchUp 对 CAD 图纸的处理效率，也让建筑、规划、园林和景观，甚至室内等专业的设计师在使用 SketchUp 时，面临快速建立复杂曲面模型、快速利用等高线建立地形等问题，有了更为快捷、简便的工具。而高级渲染器的加入更为设计师提供了一个简单方便的途径，以取得设计概念的照片级表现效果。

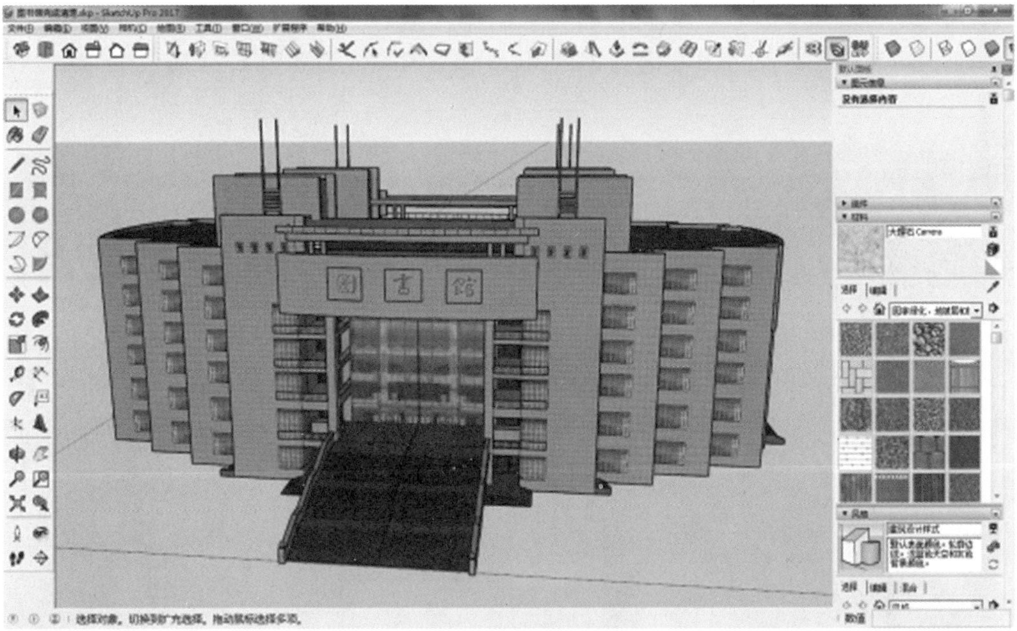

图 1-3　SketchUp 界面

高级渲染器具有如下特点：

(1)具有独特简洁的界面，可以让设计师在短期内掌握操作方法；

(2)适用范围广，可以应用在建筑、规划、园林、景观、室内，以及工业设计等领域；

(3)具有方便的推拉功能，设计师通过一个图形就可以方便地生成 3D 几何体，无须进行复杂的三维建模；

(4)可以快速生成任何位置的剖面图，使设计者清楚地了解建筑的内部结构，同时可以随意生成二维剖面图并快速导入 AutoCAD 中进行处理；

(5)可以与 AutoCAD、Revit、3DMAX、PIRANESI 等软件结合使用，快速导入和导出 .DWG、.DXF、.JPG、.3DS 格式文件，实现方案构思、效果图与施工图绘制的完美结合，同时可以 AutoCAD 和 ARCHICAD 等设计工具提供插件；

(6)自带大量门、窗、柱、家具等组件库和建筑肌理边线所需要的材质库；

(7)可以轻松制作方案，演示视频动画，全方位表达设计师的创作思路；

(8)具有草稿、线稿、透视、渲染等不同显示模式；

(9)可以准确定位阴影和日照，可以根据建筑物所在地区和时间实时进行阴影和日照分析；

(10)可以简便地进行空间尺寸和文字的标注，并且标注部分始终面向设计者。

2.3DS Max

3D Studio Max，常简称为3DS Max或MAX，是Discreet公司开发的(后被Autodesk公司合并)基于PC系统的三维动画渲染和制作软件。其前身是基于DOS操作系统的3D Studio系列软件。在Windows NT出现以前，工业级的CG制作被SGI图形工作站所垄断。3D Studio Max + Windows NT组合的出现降低了CG制作的门槛，首先开始运用在电脑游戏中的动画制作；然后更进一步参与影视片的特效制作，例如X战警Ⅱ、最后的武士等；最后在Discreet 3DS Max 7之后，正式更名为3DS Max。3DS Max界面如图1-4所示。

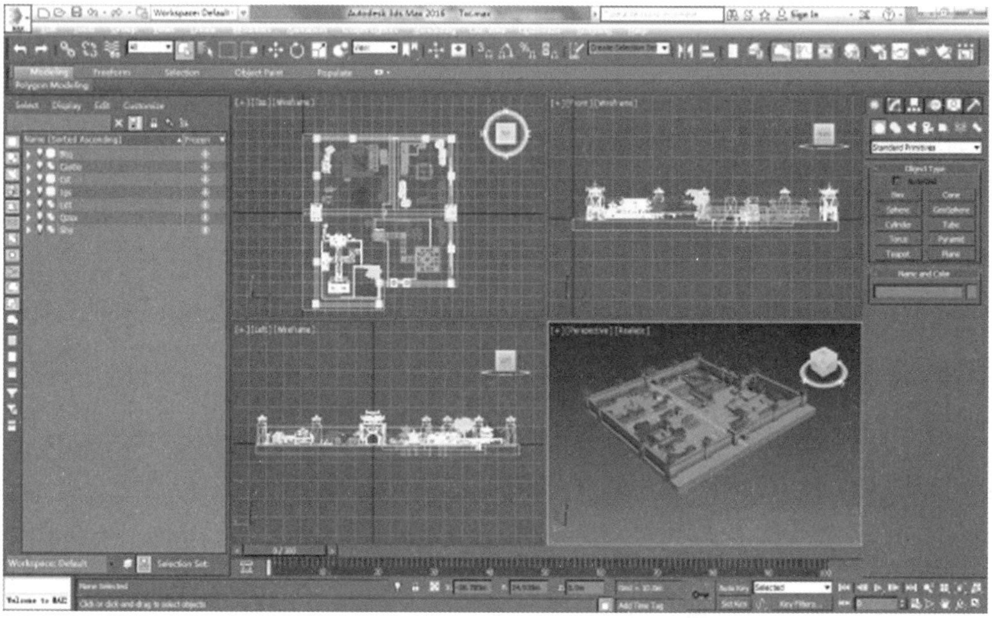

图1-4　3DS Max界面

与同类软件相比，3DS Max具有如下优势。

(1)性价比高

3DS Max具有非常好的性价比，它所提供的功能远远超过了自身低廉的价格，一般的制作公司就可以承受得起，作品的制作成本就大大降低了，而且它对硬件系统的要求相对来说也很低，一般普通的配置就可以满足学习的需要。以上的问题可能是每个软件使用者所关心的问题。

(2)上手容易

初学者比较关心的问题还有就是3DS Max是否容易上手。可以完全放心的是，3DS Max的制作流程十分简洁高效，可以很快上手，所以不要被它的大量命令吓倒，只要操作思路清晰，上手是非常容易的。后续高版本的操作也十分简便，操作的优化更有利于初学者学习。

(3)使用者多，便于交流

随着互联网的普及，关于3DS Max的论坛在国内相当火爆，我们如果有问题可以拿到论坛上，与大家一样讨论，非常方便。

3. Pro/Engineer

Pro/Engineer操作软件是美国参数技术公司(PTC)旗下CAD/CAM/CAE一体化的三维造型软件。Pro/Engineer简称Pro/E，其界面如图1-5所示。该软件以参数化著称，是参数化技术的最早应用者，在目前三维造型软件领域中占有重要地位。Pro/E作为当今世界机械CAD/CAM/CAE领域的新标准得到了业界的认可和推广，是现今CAD/CAM/CAE的主流软件之一，特别是在国内产品设计领域占据着重要位置。

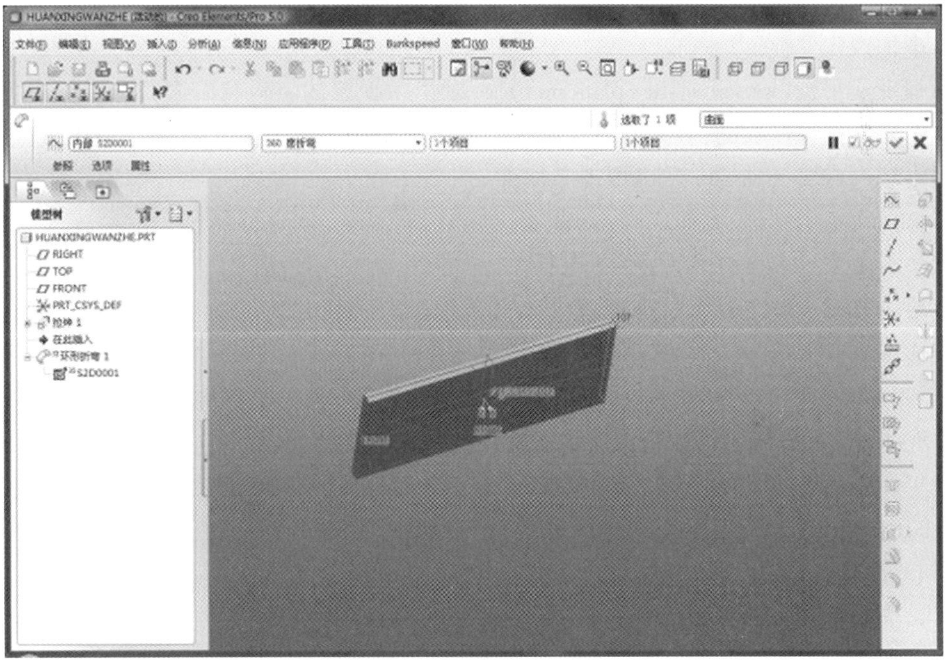

图1-5 Pro/Engineer界面

Pro/E是一套由设计至生产的机械自动化软件，是新一代的产品造型系统，是一个参数化、基于特征的实体造型系统。工程设计人员采用具有智能特性的基于特征的功能去生成模型，如腔、壳、倒角及圆角，并可以随意勾画草图，轻易改变模型。这一功能特性给工程设计人员提供了在设计操作上从未有过的简易和灵活。这是3DS Max类中效果类建模软件所不具备的。同时，Pro/E支持目前流行的大多数三维造型软件输入输出接口，可以方便地进行数据交换。

同类软件有机械建模工具UG、Catia等，有时还与机械分析软件Adams结合使用。

1.2.3 视频制作

1. After Effects

After Effects,简称 AE。它是 Adobe 公司开发的一个视频合成及特效制作软件。After Effects 用于高端视频特效系统的专业特效合成,它借鉴了许多优秀软件的成功之处,将视频特效合成上升到了新的高度。高效的视频处理系统确保了高质量视频的输出;多种多样的特技系统能够实现工程设计人员的一切创意;AE 同样保留了 Adobe 软件优秀的兼容性。

2. Adobe Animate

Adobe Animate 是一种集动画设计与应用程序开发于一身的创作软件。它广泛应用于创建吸引人的应用程序之中,包含丰富的视频、声音和图形。Adobe Animate 动画设计包含三大基本功能:绘图和编辑图形、补间动画、遮罩,这是三个紧密相连的逻辑功能。

1.2.4 虚拟现实仿真

1. 虚拟现实

虚拟现实平台(virtual reality platform)是一款由中视典数字科技有限公司独立开发的,具有完全自主知识产权的,直接面向三维美工的一款虚拟现实软件。它是目前中国虚拟现实领域市场占有率最高的一款虚拟现实软件。

虚拟现实适用性强、操作简单、功能强大、高度可视化、所见即所得。虚拟现实所有的操作都是以美工可以理解的方式进行,不需要程序员参与,不过需要美工有良好的 3DS Max 建模和渲染基础。美工只要对虚拟现实平台稍加学习和研究就可以很快地制作出自己的虚拟现实场景。

2. Virtools

Virtools 是一套整合软件,可以将现有常用的档案格式整合在一起,如 3D 模型、2D 图形和音效等。Virtools 是一套具备丰富的互动行为模块的实时 3D 环境虚拟现实编辑软件。它可以让没有程序基础的程序员利用内置的行为模块快速地制作出许多不同用途的 3D 产品,如网际网络、计算机游戏、多媒体、建筑设计、交互式电视、教育训练、仿真与产品展示等。

许多大型游戏制作公司,例如 EA 和 Sony Entertainment,都使用 Virtools 来快速地制作游戏产品雏形。而且还有很多游戏从头到尾都是用 Virtools 进行开发的。我国关于 Virtools 的应用虽然刚刚起步,但是前景十分被看好,水晶宫和奇士等公司已经开始应用。

同类软件有 Turntool,现在用户使用较少。

3. Unity 3D

Unity 3D 是由 Unity Technologies 开发的一个让玩家轻松创建诸如三维视频游戏、建筑可视化、实时三维动画等具有互动内容的多平台综合型游戏开发工具,是一个全面整合的专业游戏引擎。

目前,Unity 3D 最高版本是 Unity 3D 5.0,其拥有高度仿真的物理引擎,无论 2D 界面还是 3D 场景都能有逼真、出色的效果。同时,它支持常用三维数据格式的导入,如 3DX、OBJ、FBX 等格式,设计者可以利用自己熟悉的工具建模,不必担心文件格式不兼容的问题。Unity 3D 有功能强大的代码编辑器,支持三种语言:C#、Java Script、Boo,这为设计者提供了丰富的 API 接口，使用这些接口可以实现仿真模拟和人机交互功能。同时，Unity 3D 软件中拥有丰富的工具资源，其中包括：地形编辑器、动画编辑器、角色控制器、粒子系统、灯光组件、物理引擎、碰撞检测等，这些工具资源都提高了设计者的工作效率。

1.3 虚拟现实中的建模技术

1.3.1 虚拟现实场景建模准则

虚拟现实场景模型的优化对运行速度影响很大，如果前期不对场景的模型进行很好的优化，到制作后期再对模型进行优化时就需要回到 Max 里重新修改模型，并进行重新烘焙后再导入到当前的虚拟现实场景里。这样就出现了工作重复的情况，大大降低了工作效率。因此，虚拟现实场景模型的优化在创建场景时就必须注意，并遵循游戏场景的建模方式，创建简模。为体现代表性，本节内容以 3DS Max 作为操作环境，其他三维建模环境均与其类似。

虚拟现实的建模和做效果图、动画的建模方法有很大区别，主要体现在模型的精简程度上。虚拟现实的建模方式和游戏的建模方式是相通的，虚拟现实场景中的三维模型需要使用简模，否则可能会导致场景的运行速度很慢，画面变得很卡，甚至场景无法正常运行。

虚拟实现的建模准则基本上可以归纳为以下几点。

1. 使用简模

尽量模仿游戏场景的建模方法，将效果图的模型拿过来直接用是不推荐的。虚拟现实中的运行画面每一帧都是依靠显卡和 CPU 实时计算得到的，面数太多，会导致运行速度急剧降低，甚至无法运行；模型面数过多，还会导致文件容量增大，在网络发布后也会导致下载时间的增加。

2. 模型的三角网格面尽量保证是等边三角形，不要出现长条形

在调用模型或创建模型时，尽量保证模型的三角网格面是等边三角形，不要出现长条形。这是因为长条形的网格面不利于实时渲染，还会出现锯齿、纹理模糊等现象，如图 1－6 所示。

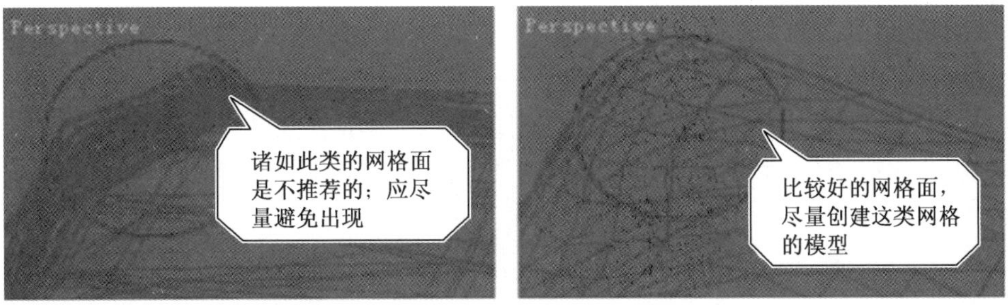

图 1－6 三角网格

3. 在表现细长条的物体时,尽量不用模型而用贴图的方式表现

在为虚拟现实场景建立模型时,最好不要将细长条的物体做成模型,如窗框、栏杆、栅栏等。这是因为这些细长条形的物体只会增加当前场景文件的模型数量,并且在实时渲染时还会出现锯齿与闪烁现象。对于细长条形的物体可以像游戏场景一样,利用贴图的方式来表现,其效果非常细腻,真实感也很强。模型与贴图的对比如图 1 -7 所示。

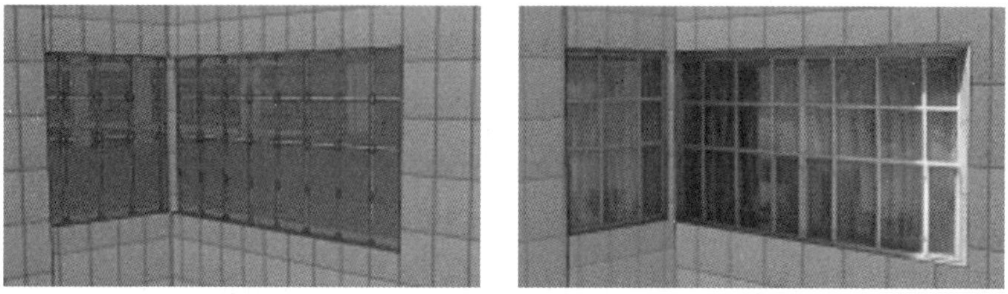

(a)模型　　(b)贴图

图 1 -7　模型与贴图的对比

4. 重新创建简模比改精模的效率更高

在实际工作中,重新创建一个简模一般比在一个精模的基础上进行修改的速度要快,因此推荐尽可能地新建模型。例如从模型库调用的一个沙发模型,其扶手模型的面数为"1310",而重新建立一个相同尺寸规格的模型的面数为"204",制作方法相当简单,速度也很快。调用与新建模型对比简模如图 1 -8 所示。

图 1 -8　调用与新建模型对比简模

5. 模型数量不要太多

场景中的模型数量太多会给后面的工序带来很多麻烦,例如会增加烘焙物体的数量和时间,降低运行速度等。因此,推荐一个完整场景中的模型数量最好控制在 2 000 个以内(根据个人机器配置)。用户可以通过虚拟现实导出工具,查看当前场景中的模型数量,如图 1 -9 所示。

6. 合理分布模型密度

模型密度分布得不合理对其后面的运行速度是有影响的。模型密度不均匀,会导致运行速度时快时慢。因此,推荐合理地分布虚拟现实场景的模型密度。模型密度分布示例如

图 1－10 所示。

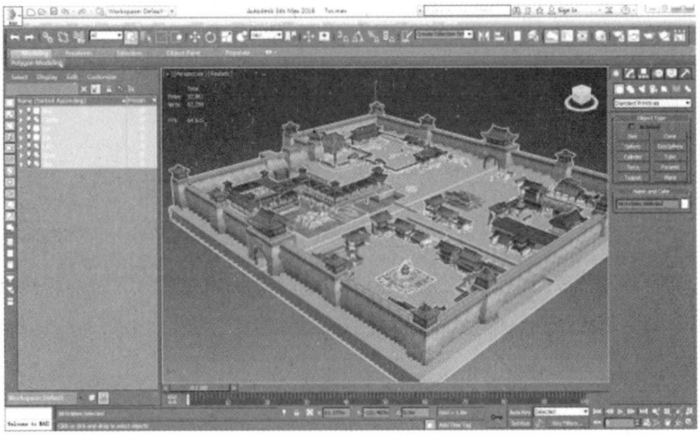

图 1－9　查看当前场景中的模型数量

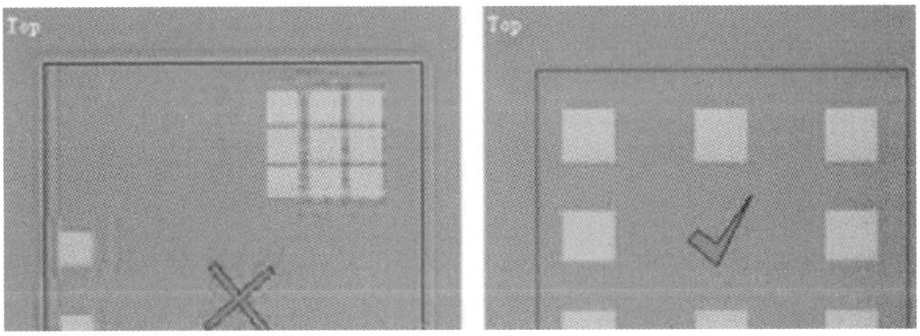

图 1－10　模型密度分布示例

7. 相同材质的模型尽量合并，远距离模型面数多的物体不要合并

在虚拟现实场景中，尽量合并材质类型相同的模型，以减少物体个数，减少场景的加载时间，提高运行速度；如果该模型的面数过多且相隔距离很远就不要将其进行合并，否则会影响虚拟现实场景的运行速度。合并相同材质的模型如图 1－11 所示。

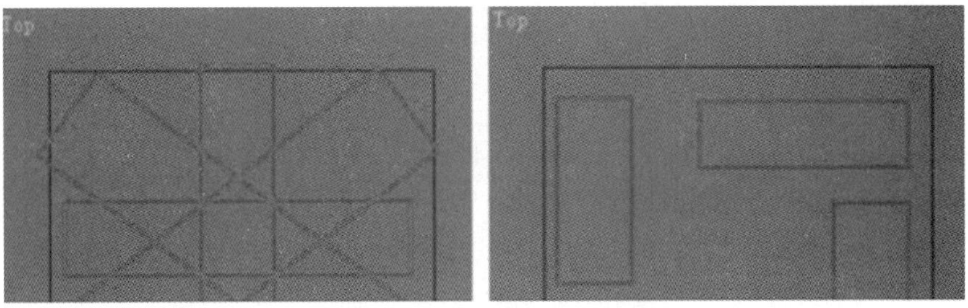

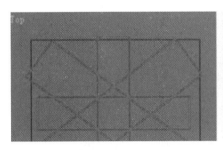

图 1－11　合并相同材质的模型

注：在合并相同材质的模型时，需要把握一个原则，就是合并后的模型面数不能超过 100 000，否则运行速度会很慢。

8. 保持模型面与面之间的距离

在虚拟现实系统中，所有模型面与面之间的距离不要太近。推荐最小间距为当前场景最大尺度的1/2 000。例如，在制作室内场景时，物体面与面之间的距离不要小于2 mm；在制作场景长(或宽)为1 km的室外场景时，物体面与面之间的距离不要小于20 cm。如果物体面与面之间贴得太近，在运行该虚拟现实场景时，会出现两个面交替出现的闪烁现象。模型面与面之间的距离如图1－12所示。

图1－12　模型面与面之间的距离

9. 删除看不见的面

虚拟现实场景类似于动画场景。在建立模型时，看不见的地方不用建模，对于看不见的面也可以删除，这主要是为了提高贴图的利用率，降低整个场景的面数，以提高交互场景的运行速度。在虚拟现实场景建模中有一个原则，看不见的就认为是不存在的，如Box底面、贴着墙壁物体的背面等。删除看不见的面如图1－13所示。

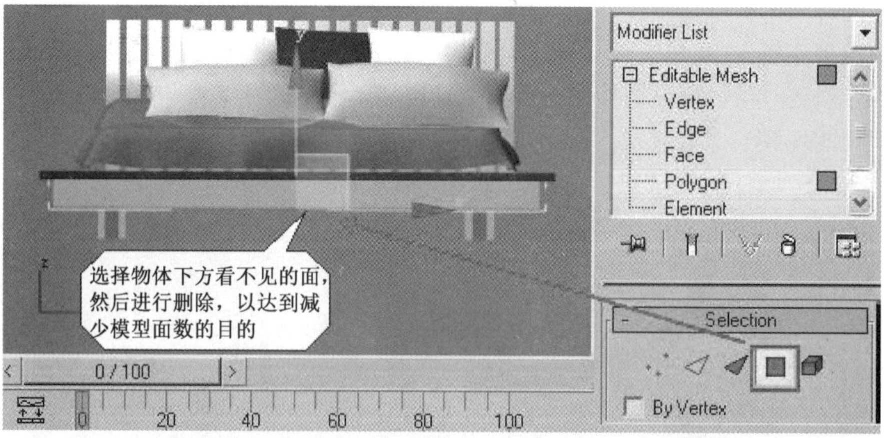

图1－13　删除看不见的面

10. 对于复杂的造型，可以用贴图或实景照片来表现

为了得到更好的效果与更快的运行速度，在虚拟现实场景中可以用Plant替代复杂的

模型，然后使用实景照片贴图来表现复杂的结构，如植物、装饰物及模型上的浮雕效果等。使用实景照片贴图的效果如图 1－14 所示。

图 1－14　使用实景照片贴图的效果

1.3.2　三维模型面数的精简

影响虚拟现实作品最终运行速度的三大因素有虚拟现实场景模型的总面数、总个数和总贴图量。本节将着重介绍如何控制虚拟现实场景模型的总面数和总个数。

在掌握了建模的准则以后，用户需要了解模型的优化技巧，这样无论面对自己创建的模型，还是拿到别人创建的模型，用户都将知道该模型是否可以用于虚拟现实的项目中。如果不可以，该模型又该如何进行优化。以下将以几个具有代表性模型的优化方法为例，介绍模型的优化技巧，用户在学习之后，可以举一反三地知道每种物体简模的创建方法，以及可以快速地判断每一个模型是否为最优化的模型。模型的优化不光是要对每个独立的模型面数进行精简，还需要对模型的个数进行精简。这两个数据都是影响虚拟现实作品最终运行速度的因素。所以优化操作是必须的，也是很重要的。

1. Plane 的精简

在用 Plane（面）创建模型时，如果不对其表面进行异型处理，就可以将其截面上的段数降到最低，以达到优化模型的效果。

具体优化方法如下。默认 Plane（面）创建模型的段数是 4 ×4，总面数是 32；在不对其表面做其他效果的情况下，这些段数是没有存在意义的，将鼠标放在段数按钮上右击可以快速地将当前物体的段数降到最低，最后得到物体的面数是 2，其效果并不会因此而受到任何影响，其效果图如图 1－15 所示。

2. Cylinder 的精简

同 Plane（面）创建模型一样，在用 Cylinder（圆柱）创建模型时，如果不对其表面进行异型或浮雕效果处理，一样可以将其截面上的段数降到最低，以达到优化模型的效果。

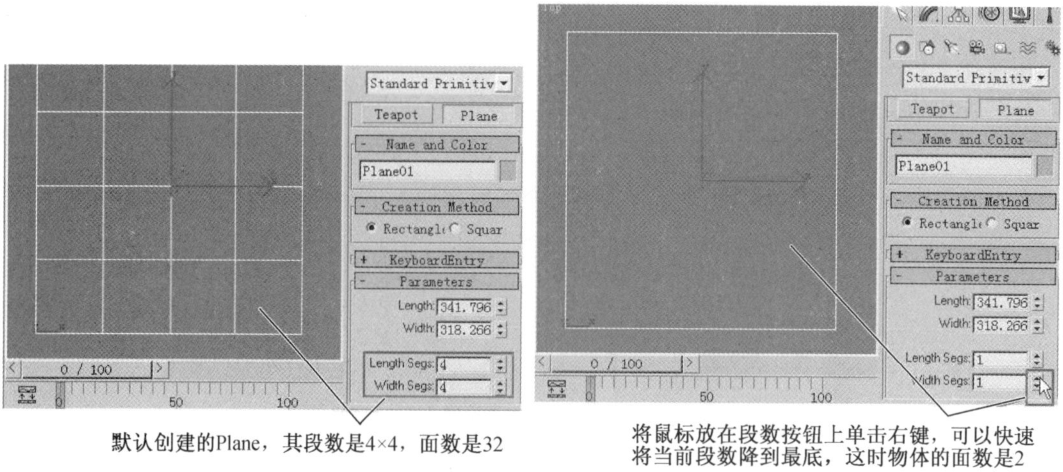

图 1－15　Plane 创建模型效果图

具体优化方法如下。默认 Cylinder（圆柱）创建模型的段数是 5 ×1 ×18，总面数是 216；在不对其表面做其他效果的情况下，这些段数是没有存在的意义的，这时可以对物体的 Height Segments（高度段数）和 Sides（截面）进行精简，修改后的段数为 1 ×1 ×12，这时物体的总面数是 48，其效果并不会因此受到太大的影响，其效果图如图 1－16 所示。

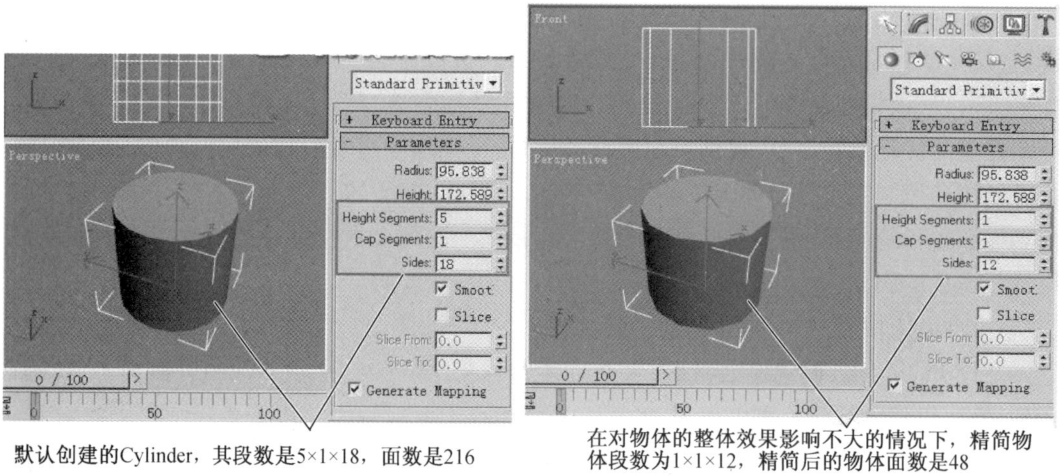

图 1－16　Cylinder 创建模型效果图

注：如果当前场景比较大，还可以将 Sides 降到 10 或 8，主要以视觉为主。

3. Line 的正确创建

很多时候需要用二维线来表现一些物体的结构，如电线、绳索等。如果像效果图一样直接设置了 Rendering（渲染）面板下的 Thickness（厚度），渲染效果图是没问题的，但导出到虚拟现实时是不识别的。

解决方法是根据视觉效果设置线型物体 Rendering（渲染）面板下的 Thickness（厚度），将该线型物体转换成 Editable poly（或 Mesh）后，再执行“导出”操作就可以了。其解决方法如图 1－17 所示。

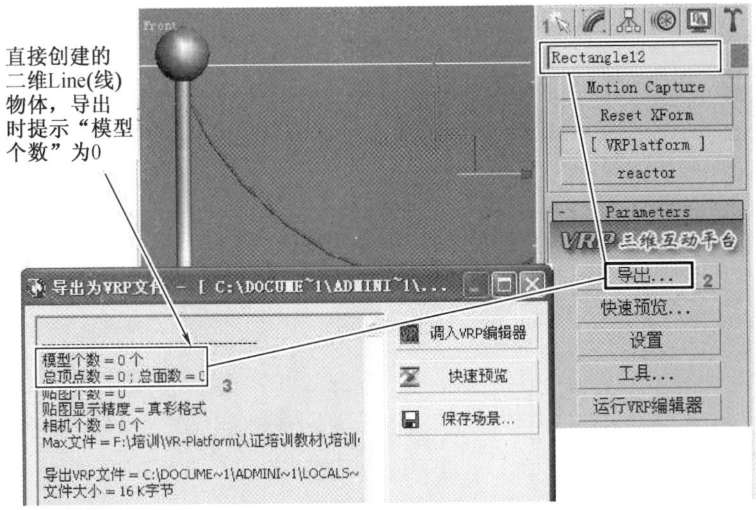

图 1－17　Line 的创建解决方法

4. 曲线形状模型的创建及精简

有些曲线形状模型在制作时很麻烦，通常需要应用 Loft（放样）来实现，所以模型的优化就需要从放样的路径及截面着手进行。在保证视觉效果不受太大影响的情况下，适度减少放样物体的 Shape Steps（形状步幅）和 Path Steps（路径步幅）参数，以达到精简放样物体总面数的目的。

以下是创建曲线物体的两种方法，精简之后它们的面数是一样的。

第一种方法：用 Loft（放样）的方法创建模型，具体的操作步骤如下。

（1）对 Line 进行 Loft（放样）操作；

（2）添加一个 Normal 编辑器；

（3）调整材质的 Offset（偏移值）、Tiling（平铺值）、Angle（角度）的参数（这都是参考值，制作时需要根据具体情况进行调整）；

（4）适度减少放样物体的 Shape Steps（形状步幅）和 Path Steps（路径步幅）参数；

（5）制作好后的曲线物体；

（6）当前物体的面数是：56。

用 Loft（放样）的方法创建模型如图 1－18 所示。

第二种方法：用 Bevel Profile（斜角轮廓）编辑器的方法创建模型，具体的操作步骤如下。

（1）对 Line 添加一个 Bevel Profile（斜角轮廓）编辑器，然后单击 Pick Profile（拾取轮廓）按钮，再拾取事先绘制好的截面；

（2）调整材质的 Tiling（平铺值）、Angle（角度）的参数（这都是参考值，制作时需要根据具体情况进行调整）；

（3）制作好后的曲线物体；

（4）当前物体的面数是 56。

用 Bevel Profile(斜角轮廓)编辑器的方法创建模型如图 1－19 所示。

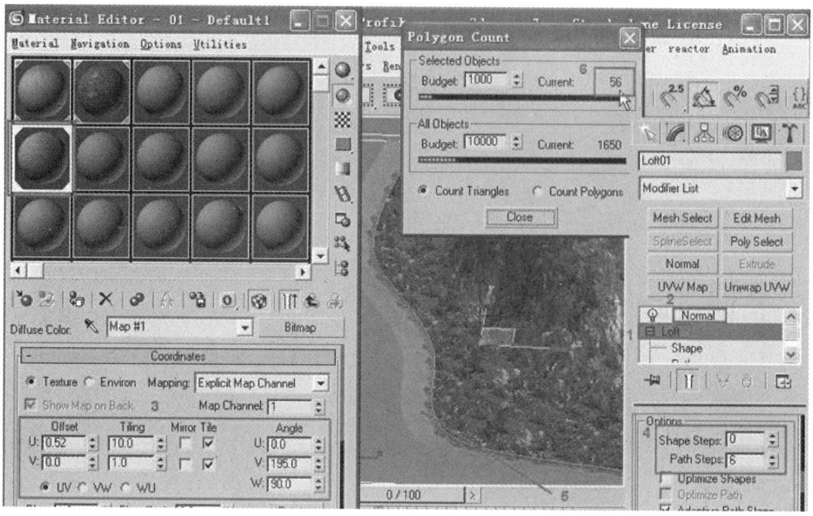

图 1－18　用 Loft(放样)的方法创建模型

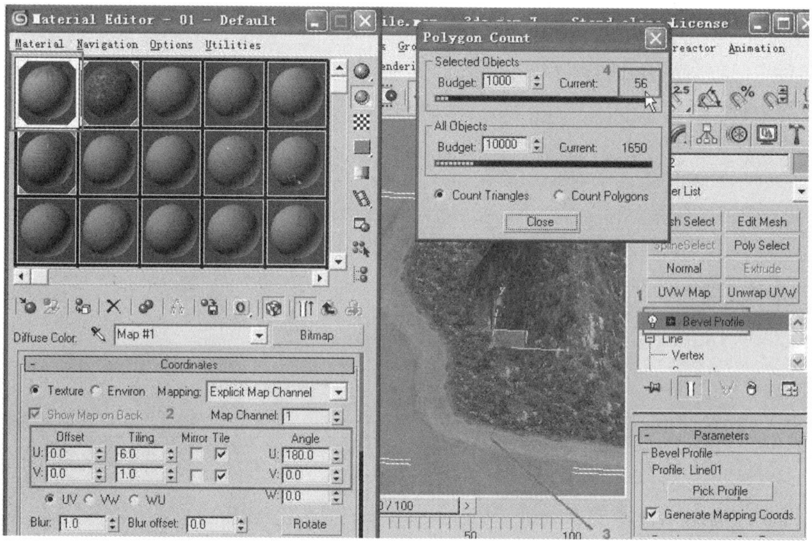

图 1－19　用 Bevel Profile(斜角轮廓)编辑器的方法创建模型

针对以上两种曲线物体的制作,用户可以根据自己项目的实际需求选择一种最方便的建模方法。

5. 室外地面创建及精简

在制作室外地面时,很多人喜欢用二维的 Line 画一个封闭的区域,然后通过 Extrude(挤出)为 0 得到一个地面,但这个地面除了上面,其他的几个面都是多余的面。所以此方法不适合虚拟现实场景模型的创建。

下面介绍几种不同创建地面的方法。

第一种方法:先用 Line 创建一个封闭的区域,并对 Line 的 Side(边缘)和 Steps(步幅)

进行优化设置,如图 1－20 所示。

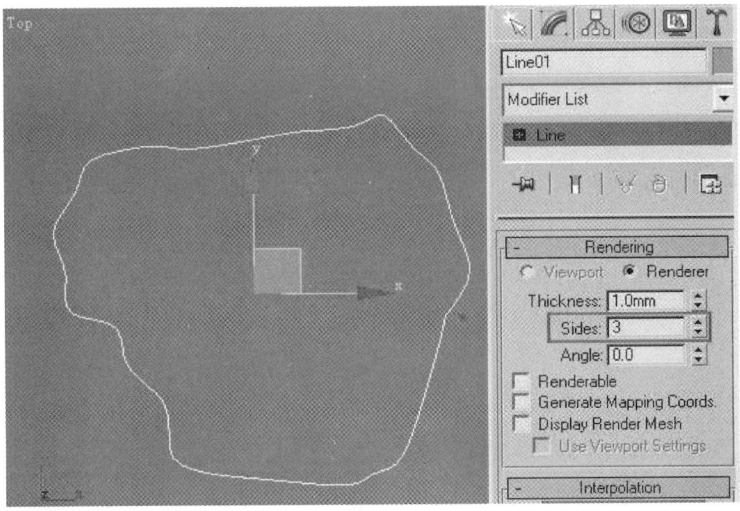

图 1－20 用 Line 创建一个封闭的区域

直接添加 Extrude(挤出)编辑器,设置 Amount(数量)为 0,模型面数为 392。Extrude(挤出)编辑器如图 1－21 所示。

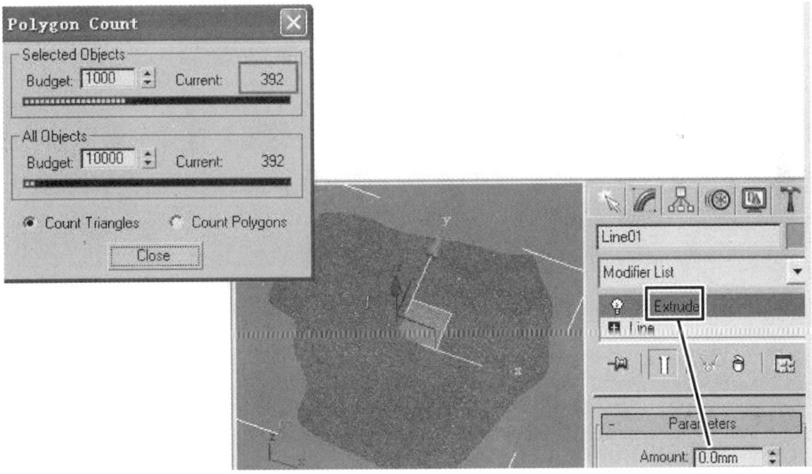

图 1－21 Extrude(挤出)编辑器

第二种方法:先用 Line 创建一个封闭的区域,并对 Line 的 Side(边缘)和 Steps(步幅)进行优化设置,然后直接将 Line 转换成 Editable Poly(或 Mesh),如图 1－22 所示,最后得到的地面模型面数为 97。

第三种方法:先用 Line 创建一个封闭的区域,并对 Line 的 Side(边缘)和 Steps(步幅)进行优化设置,然后直接给封闭的二维曲线添加一个 UVW Mapping 编辑器,如图 1－23 所示,最后得到的地面模型面数为 97。

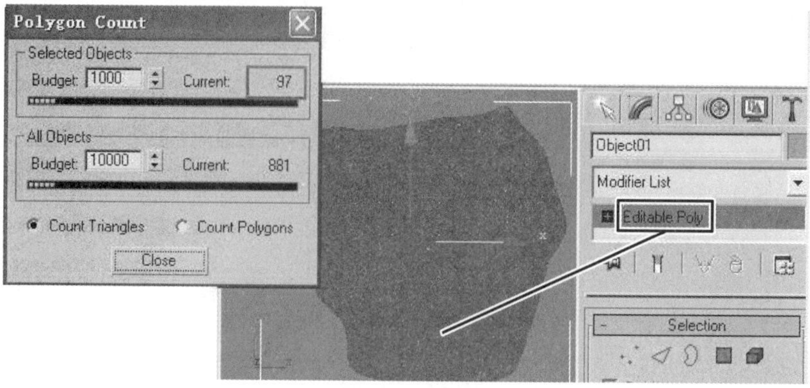

图 1 - 22　将 Line 转换成 Editable Poly(或 Mesh)

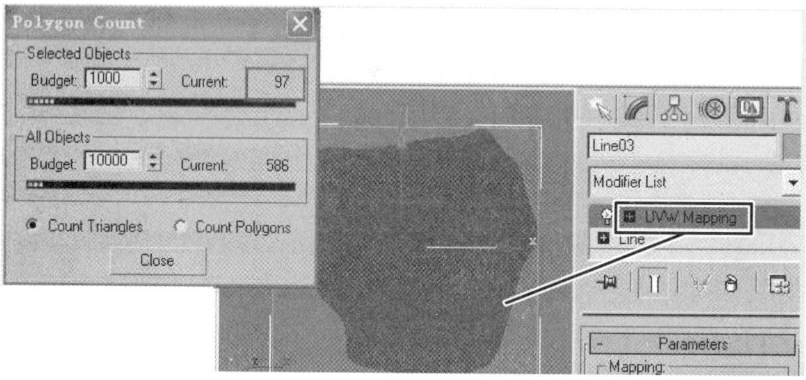

图 1 - 23　添加一个 UVW Mapping 编辑器

以上几种不同方式创建的地面,用户可以根据自己的需要选择一种建模方法。这里讨论的是一般环境下的地形建模方法,如果是在 Unity 中开发,地形建模有专门的工具完成,更加快捷方便,功能也更加强大。

下面是关于广告牌物体的创建。

bb - 物体(billboard,简称 bb)创建的方法有许多种,如下。

第一种:直接用 Plane 创建,面数为 2。

第二种:用 Rectangle(矩形)创建,然后添加一个 Extrude(挤出)编辑器,挤出的 Amount(数量)为 0,面数为 12。

第三种:用 Rectangle(矩形)创建,然后将其直接转换为 Editable Mesh, 面数为 2。

第四种:用 Rectangle(矩形)创建,然后直接给物体添加一个 UVW Mapping,面数为 2。

最后再同时给以上四种方法创建的模型赋一个材质,统一命名为"bb - 物体",将这四种方法创建的模型同时导入到虚拟现实中,这时可以发现用第二种方法创建的物体不能适时地面向相机旋转,并且物体面数也是最多的,如图 1 - 24 所示。

从最后的结果可以看出,用 Rectangle(矩形)创建,然后添加一个 Extrude(挤出)编辑器,挤出的 Amount(数量)为 0,得到一个 bb - 物体的方法是错误的,因此用户要避免用此方法创建 bb - 物体,以免得不到正确的结果。

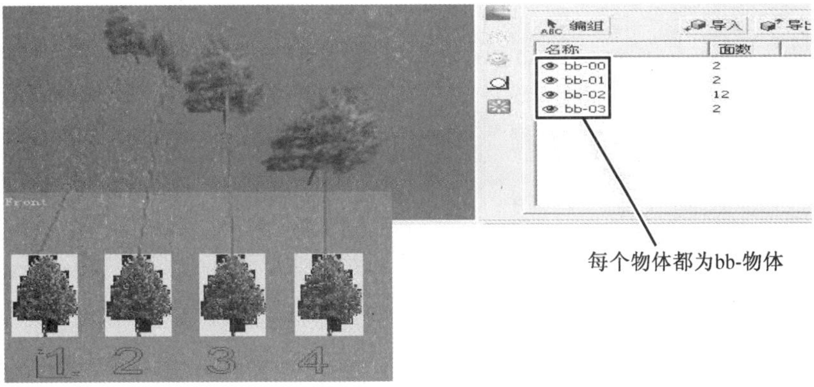

图 1－24　用第二种方法创建的物体

6. 删除重叠面

将选择的物体转换成 Mesh 或 Poly，然后切换到 Polygon（面）级别下，将各个物体之间重叠的面删除，如图 1－25 所示。

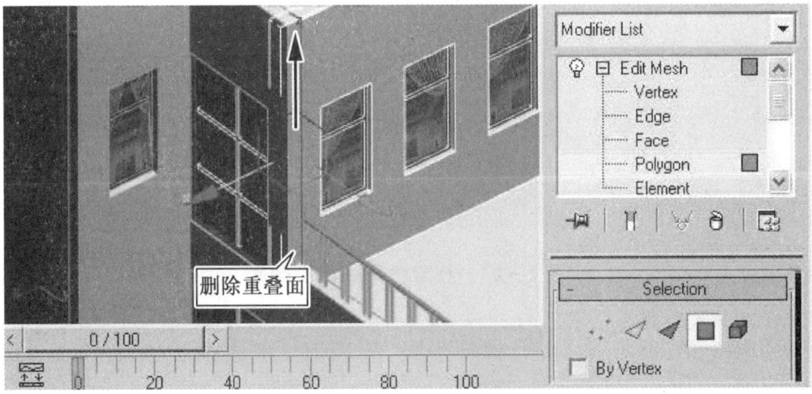

图 1－25　删除重叠面

7. 删除看不到的面

将选择的物体转换成 Mesh 或 Poly，然后切换到 Polygon（面）级别下，将该物体向下或其他朝向看不到的面删除，如图 1－26 所示。

8. 删除物体之间相交的面

将选择的物体转换成 Mesh 或 Poly，然后切换到 Polygon（面）级别下，将该物体之间相交的面删除，如图 1－27 所示。

9. 单面窗框的创建

窗框是室外建筑必不可少的一个组成元素，如果按常规的二维挤出一个厚度得到这个模型的话，接下来还需要通过删除看不见的面来达到优化窗框的目的，不但工作量很大，也很烦琐。以下是一个快速创建单面窗框的方法，由此方法得到的窗框不需要再通过删除看不见的面来达到优化模型的目的。其具体操作方法如下。

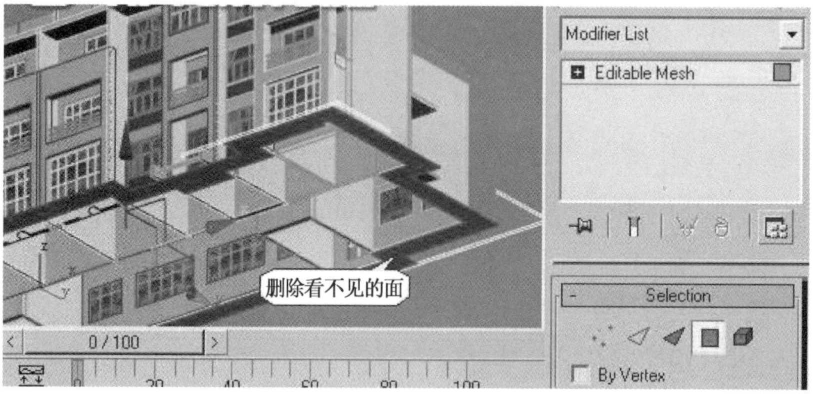

图 1-26　删除看不到的面

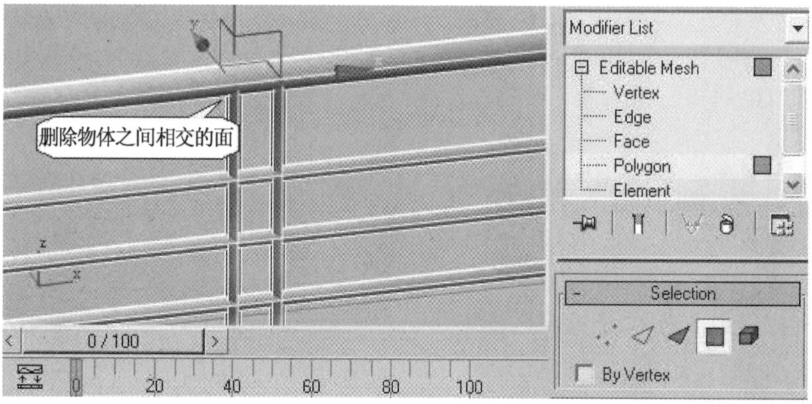

图 1-27　删除物体间相交的面

首先,应用 Rectangle(矩形)配合捕捉工具,绘制窗框的线框结构,如图 1-28 所示。

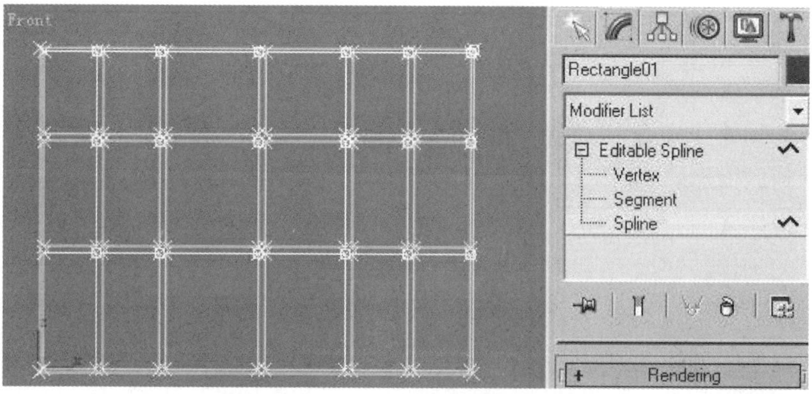

图 1-28　绘制窗框的线框结构

注:在表现虚拟场景时,可以跟效果图有所不同。在创建模型时可以忽略一些细节,展现大体轮廓就可以了。

然后，将窗框的二维线转换成Poly物体，在Poly物体的Border（边）级别下，选择物体的内线框，按住Shift键沿*Y*轴向后拖动鼠标，由此可以复制边框得到窗框的厚度，如图1－29所示。

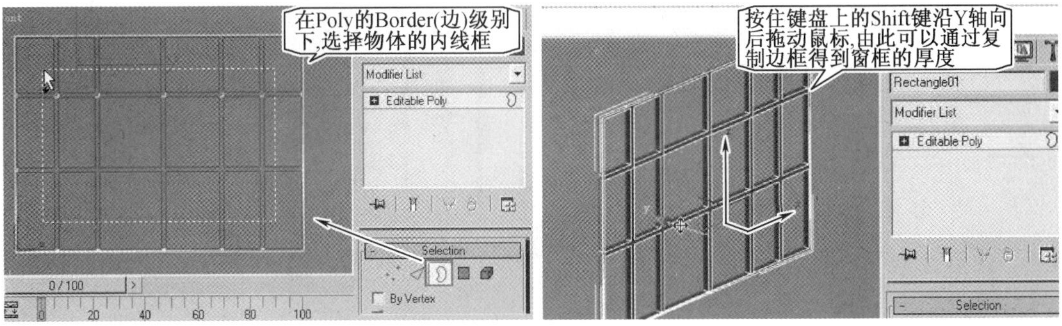

图1－29　复制边框

注：由此创建的物体为单面物体，为后面优化模型时删除看不见的面节省了步骤，提高了建模的速度和效率。

最后，按照"一层平面"调整该窗框的位置，切换到Vertex级别下，调整窗框的厚度，如图1－30所示。

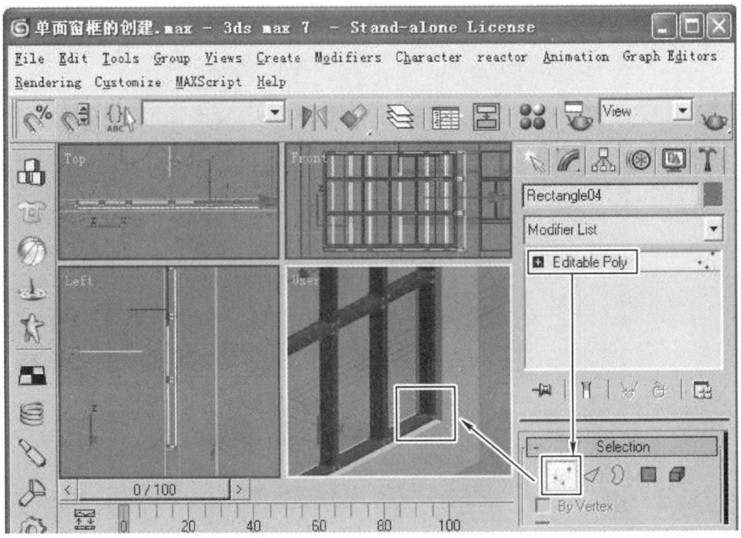

图1－30　调整窗框的厚度

10. 复杂镂空模型的表现方法

日常生活中处处可见结构造型复杂的铁艺物体，如楼梯、窗框、大门及围墙等。对于这些铁艺的物件，在虚拟现实场景里可以通过在面片物体上赋一张镂空贴图来表现。为了避免在半鸟瞰处看到面片的单薄，可以在栏杆上方加一个有宽度的矩形。镂空贴图如图1－31所示。

图 1－31　镂空贴图

11. 树木花草的表现方法

在制作室外虚拟现实场景时，难免会遇到大量的绿化问题，如果每颗树和花都用模型来表现的话，最终的虚拟现实场景里的模型面数将不计其数，以至于造成编辑及运行都很困难。解决以上问题可以用十字面片物体，贴镂空贴图来表现。如图 1－32 所示。

图 1－32　树木花草的表现手法

注：由于虚拟现实当前相机会对虚拟现实场景里的 bb－物体进行实时面对相机的计算，因此虚拟现实场景里尽量不要有太多或大面积的 bb－物体。用户可以把握一个原则，就是建筑物近处可以用一些 bb－物体来表现树木花草等绿化物；虚拟现实场景周边的绿化物可以用十字的面片来代替。

以上是几种比较有代表性的物体模型优化技巧，用户在实际项目的制作中只要坚持了前面所讲的"3DS Max 的建模准则"和本节所讲的"3DS Max 的模型优化技巧"，就可以创建出最精简和最优化的虚拟现实场景。

1.3.3 模型个数的精简

虚拟现实场景的模型个数过多也会直接影响虚拟现实场景的导出及打开速度。如果当前虚拟现实场景里的模型个数过多,计算机可能会因为计算不过来而造成部分物体无法加载进去,最终得到的虚拟现实场景模型是不全的,有模型丢失的现象;如果计算机勉强将虚拟现实场景里的所有模型都加载进去了,其运行速度也会变得很慢。为了避免出现以上的问题,它的解决方法是将相同材质的物体分别调整好各自的贴图坐标然后合并为一个物体以减少模型个数。

合并模型的方法有两种,具体操作步骤如下。

1. 第一种合并模型的方法

调整物体贴图坐标,如图 1 - 33 所示。

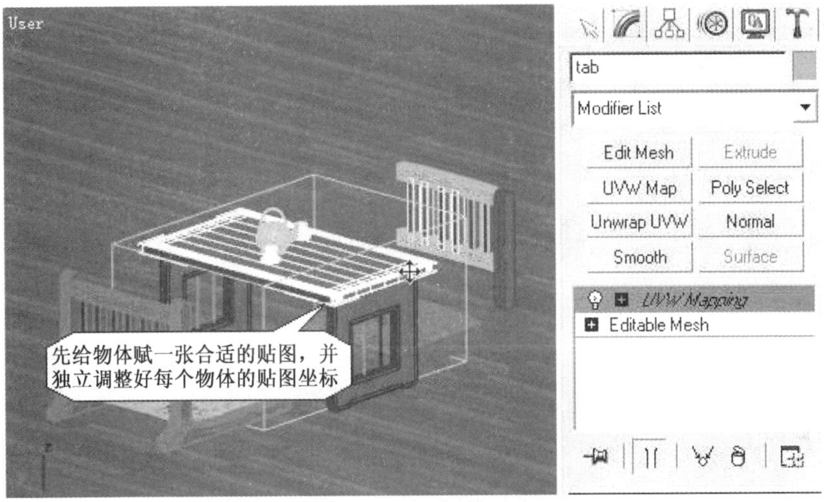

图 1 - 33 调整物体贴图坐标

首先,通过 Attach(合并)命令精简模型个数,将模型转换成 Edit Mesh;然后,将鼠标放在模型上右击,使用 Attach(合并)命令;最后,通过鼠标单击其他相同材质的物体,单击后的物体就被合并到了一起,如图 1 - 34 所示。

2. 第二种合并模型的方法

调整物体贴图坐标,先给物体赋一张合适的贴图,并独立调整好每个物体的贴图坐标。通过 Collapse(塌陷)命令精简模型个数,将模型转换成 Edit Mesh,然后将相同材质的物体一起选择后再通过 Collapse(塌陷)命令将其合并成一个物体,如图 1 - 35 所示。

用户根据自己的需要选择以上任意一种合并模型的方法,在合并相同材质模型时需要把握一个原则,就是合并后的物体总面数必须控制在 100 000 以下,否则虚拟现实的运行速度一样会很慢。

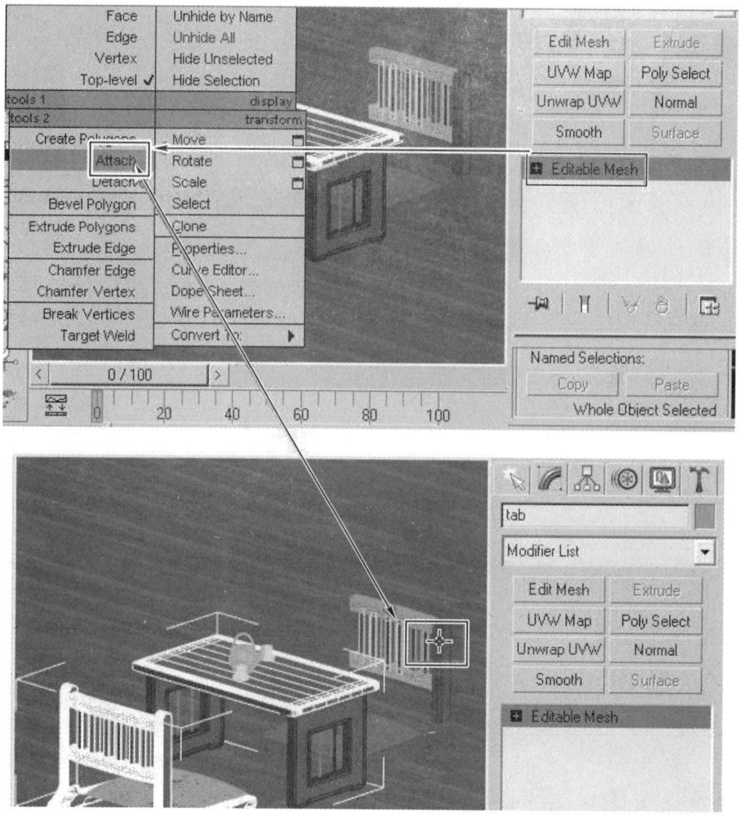

图 1－34　使用 Attach（合并）命令合并

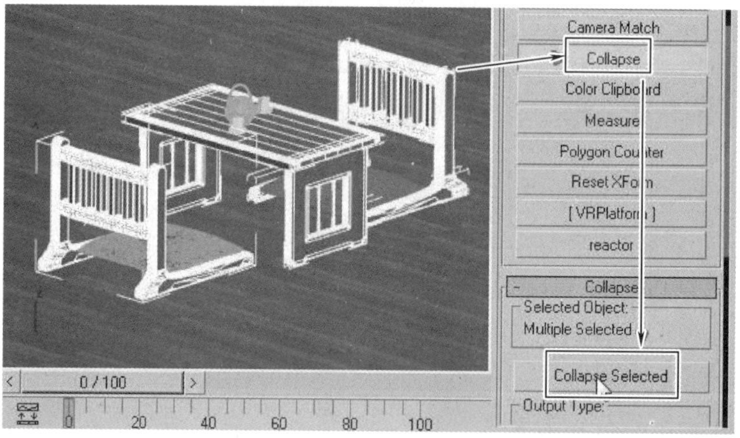

图 1－35　使用 Collapse（塌陷）命令合并

1.4 模型后期处理技术

1.4.1 材质的应用

1.3DS Max 材质类型的应用

在制作虚拟现实项目时,虽然模型的优化很重要,但是材质的编辑也一样重要。因为材质的使用需要跟烘焙操作结合在一起,所以不同类型的材质需要采取不同的烘焙方式。以下是由烘焙类型不同决定模型使用的材质类型不同的一个判断依据。

(1)烘焙 LightingMap

如果需要将物体烘焙为 LightingMap 时,一般只能将材质的类型设置为 Advanced Lighting、Architecturd、Lightscape Mtl、Standard,然后需要在该物体的 Diffuse(漫反射)通道上添加一张基本的纹理贴图,该贴图也必须为.TGA、.PNG、.BMP、.JPG、.DDS 格式。

(2)烘焙 CompleteMap

在作图必须要使用其他材质类型时,一般需要将该物体烘焙为 CompleteMap;除此之外,如果该物体的 Diffuse(漫反射)通道上没有添加纹理贴图的话,也只能将该物体烘焙为 CompleteMap。

2. Multi/Sub - Object 材质通过手动展 UV 实现烘焙为 LightingMap 的方法

用户可以在"HELP_DEMO"→F - 3DS Max 制作的相关技巧→2 - 3DS Max 材质的应用→a - Multi/Sub - Object 材质通过手动展 UV 实现烘焙为 LightingMap 的方法"中找到本教程的案例场景。

很多人在作效果图时喜欢使用 Multi/Sub - Object 类型的材质,如果将使用了 Multi/Sub - Object 类型的材质物体烘焙为 LightingMap 类型后,导入虚拟现实中,其贴图将会丢失。如果将该材质物体烘焙为 CompleteMap 类型后,导入虚拟现实中,虽然贴图可以正常显示,但是建筑面会比较大,即使烘焙的贴图很大,也难免造成贴图发虚的现象。

为了解决以上问题,用户可以应用手动展 UV 的方法实现将 Multi/Sub - Object 类型的材质烘焙为 LightingMap。其具体操作步骤如下。

(1)将物体和贴图都合并成一个

将创建的物体 Collapse(塌陷)成一个物体,并转换成 Poly 物体,赋给其中一个 Standard 类型材质,将物体各个面上所用到的贴图合并为一张贴图。物体与贴图合并如图 1 - 36 所示。

(2)选择面

将切换到 Polygon 级别下,同时选择贴图对应的前后两个面,如图 1 - 37 所示。

(3)添加 UVW Mapping 编辑器

为选择的面添加一个 UVW Mapping 编辑器,并调整好贴图坐标,如图 1 - 38 所示。

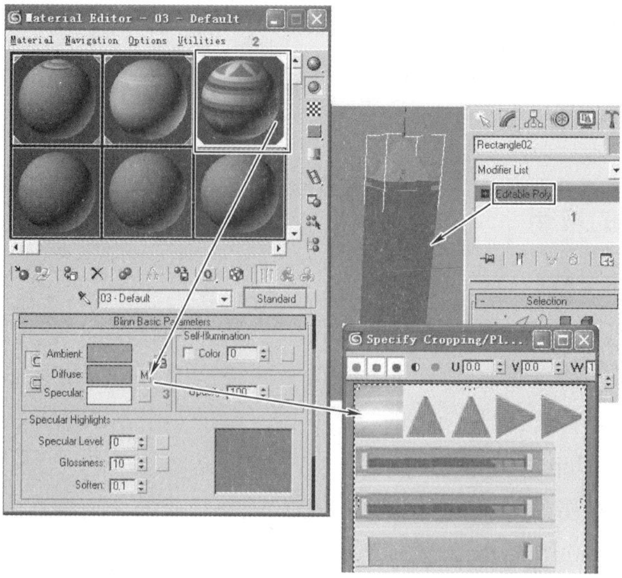

图 1－36　物体与贴图合并

图 1－37　选择贴图对应的前后两个面

注：确定前后两个面用的是相同的贴图时，可以考虑一起选择，一起进行手动展 UV；否则需要独立进行操作。

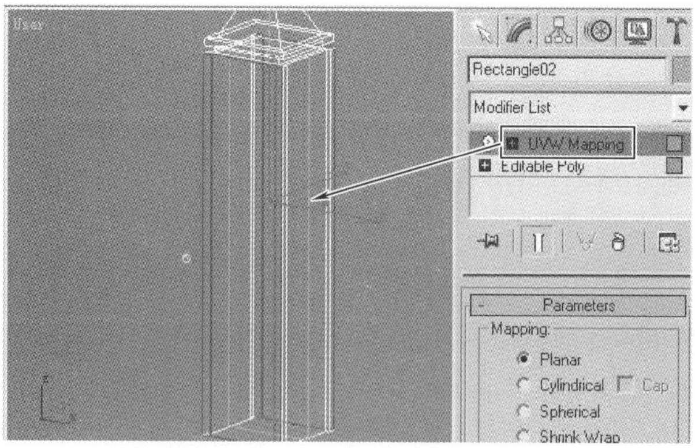

图 1－38　UVW Mapping 编辑器

(4)编辑 Unwrap UVW 坐标

再次添加一个 Unwrap UVW 坐标,然后单击 Edit UVWs 按钮,在 Edit UVWs 面板里应用 Rotate 工具对展开的 UV 坐标进行旋转,再应用 Scale Vertical 对垂直方向上的 Vertex 进行缩放,结合 Move 工具对 Vertex 进行移动,在调整 Unwrap UVW 后,可以直接关闭 Edit UVWs 窗口,如图 1 –39 所示。

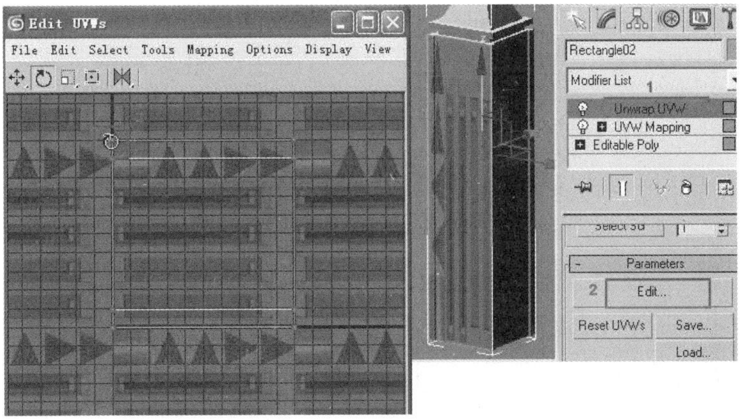

图 1 –39　Edit UVWs 窗口

(5)重复以上操作完成 UV 展贴图

将模型转换成 Poly 物体,重复以上操作,继续对其他面进行 UVW Mapping 及 Unwrap UVW 编辑器的添加与调整操作,最后再将其烘焙为 LightingMap,导入虚拟现实编辑器中,贴图显示正常,且很清晰,如图 1 –40 所示。

图 1 –40　完成 UV 展贴图

注:此方法仅用于烘焙 LightingMap 后的物体,如果烘焙成 CompleteMap 后,就不能更改原始模型的贴图了。

3. 材质的基本设置

（1）材质属性的设置

虚拟现实其实对 3DS Max 里模型材质的属性设置没有过多的要求，很多设置可以导入虚拟现实后再进行设置，如材质的 2 - Sided（双面）、Self - Illumination（自发光）、Opacity（透明）属性都可以在虚拟现实里进行设置。

（2）无须在贴图通道里做过多的设置

用户除了可以在材质贴图通道的 Diffuse Color（漫反射颜色）和 Opacity（透明）中添加贴图信息之外，无须在其他贴图通道里设置过多的信息，因为这些设置在经过烘焙导入虚拟现实编辑器之后，大部分的效果都丢失了。

如在 Reflection（反射）贴图通道里添加 Flat Mirror（镜面反射），虽然渲染后看得到，但当物体经过烘焙导入虚拟现实编辑器之后，就看不出来了，如图 1 - 41 所示。

图 1 - 41　物体经过烘焙导入虚拟现实编辑器

（3）避免使用材质面板里的 Cropping/Placement（修剪/布置）设置

很多用户在前期不对贴图做过多的修剪处理，而通过材质面板里的 Cropping/Placement（修剪/布置）功能设置、选择贴图部分作为模型的贴图。当该模型导入虚拟现实编辑器之后，模型使用的贴图又恢复到了初始未修剪的状态，因此建议用户避免使用材质面板里的 Cropping/Placement（修剪/布置）设置，如图 1 - 42 所示。

（4）烘焙为 LightingMap 后的模型贴图坐标可以再次更改

当用户将某一个物体烘焙成 LightingMap 后，导入虚拟现实编辑器里，发现贴图坐标不合适时，可以返回到 3DS Max 里，回到该模型的 UVW Mapping 级别下，调整 LightingMap 的 Length（长）和 Width（宽）的值，调整好的模型无须再次进行烘焙，可以直接将该模型导入虚拟现实编辑器里，其烘焙效果依然存在，如图 1 - 43 所示。

图 1－42　Cropping/Placement(修剪/布置)

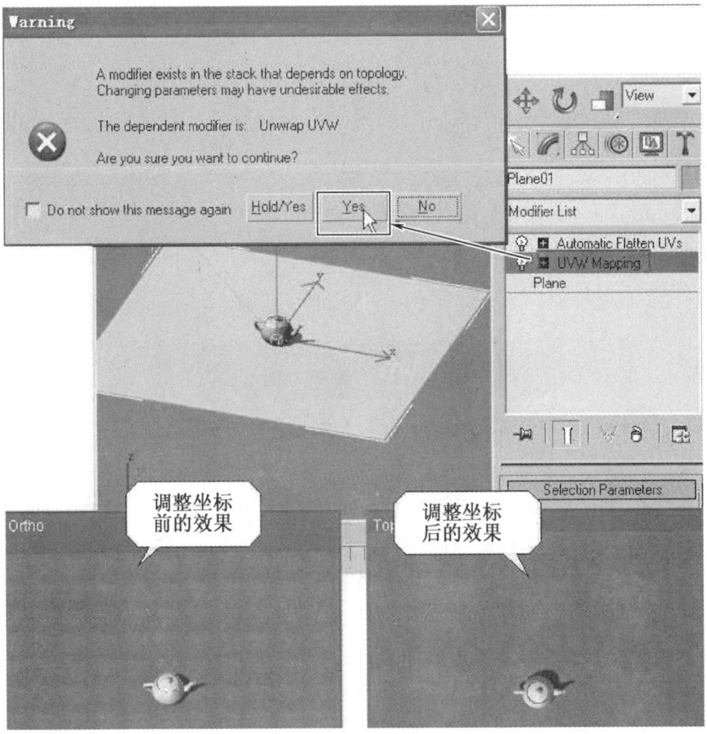

图 1－43　烘焙效果前后对比

4. 广告牌(bb)物体材质的设置

透明贴图一般可以用. PNG 和. tga 两种格式的图像文件来表现。在虚拟现实场景里，主要用于表现室内装饰物、浮雕饰物、室外花草树木、人及用于展现特效的物体等。

材质设置的具体操作步骤如下。

(1)在 Diffuse Color(漫反射颜色)通道添加 PNG 贴图

选择一个空白的材质球,然后在 Diffuse Color(漫反射颜色)通道添加一个 PNG 贴图,如图 1-44 所示。

图 1-44 添加一个 PNG 贴图

(2)设置贴图显示模式

将该贴图 Bitmap Parameters(位图参数)面板下 Cropping/Placement(修剪/布置)的 Apply(应用)复选框进行勾选,如图 1-45 所示。

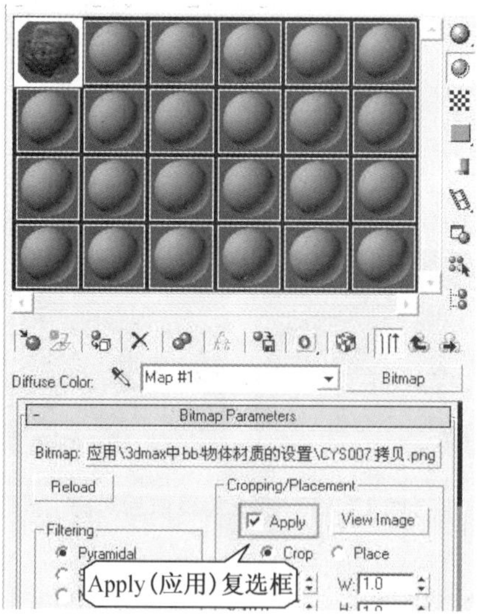

图 1-45 勾选 Apply(应用)复选框

将 Diffuse Color(漫反射颜色)通道贴图复制到 Opacity(透明)通道上,再回到材质的上一个层级,将加载在 Diffuse Color(漫反射颜色)通道上的贴图拖动到 Opacity(透明)通道贴图按钮上,然后在弹出的对话框中选择 Copy 选项,如图 1-46 所示。

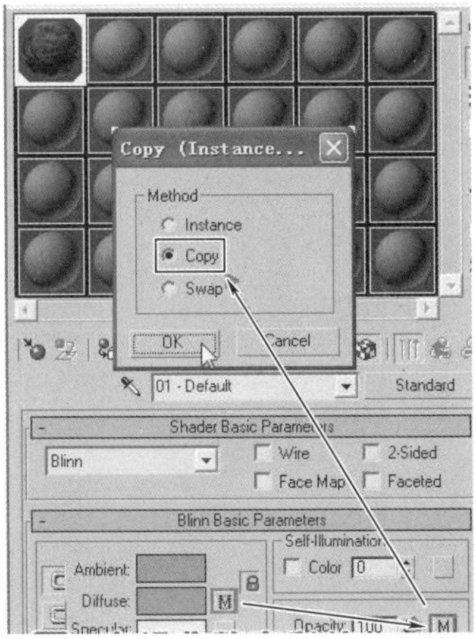

图 1-46　Opacity(透明)通道选择 Copy 选项

(3)设置 Opacity(透明)通道上的贴图显示模式

将 Opacity(透明)通道贴图 Bitmap Parameters(位图参数)面板下 Cropping/Placement(修剪/布置)的 Apply(应用)复选框进行勾选,同时勾选 Mono Channel Output 下的 Alpha 选项。Opacity(透明)通道贴图 Bitmap Parameters(位图参数)面板如图 1-47 所示。

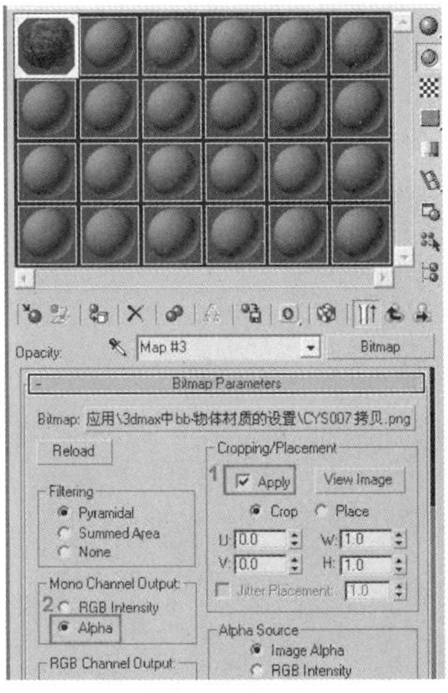

图 1-47　Opacity(透明)通道贴图 Bitmap Parameters(位图参数)面板

(4)设置贴图在视图中的显示模式

回到材质的上一个层级,通过单击 Show Map in Viewport(在视图显示贴图)按钮打开材质最终显示,然后将鼠标放在视图右上角右击鼠标,在弹出的下拉列表中选择 Best(最佳)选项。用户可以在视图中看到最终的 bb - 物体材质效果,如图 1 - 48 所示。

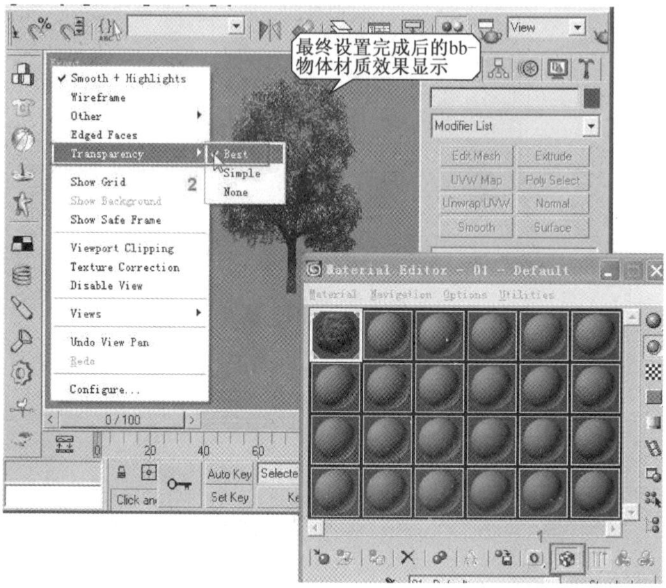

图 1 - 48　设置贴图在视图中的显示模式

5. PNG 格式图片的制作方法

很多用户不是很清楚什么样的图片是 PNG 格式的图片,在制作 PNG 格式图片时也是概念不清,以至于出现很多问题。以下是 PNG 格式图片的制作过程。

(1)打开 JPG 图片

打开一张 JPG 的图片,如图 1 - 49 所示。

图 1 - 49　JPG 图片

(2)选择背景区域

用 Photoshop【工具栏】里的【魔棒工具】将图像的背景选择出来,如图 1-50 所示。

图 1-50　用魔棒工具选择背景

注:如果图像的背景很复杂的话,可能还需要借助 Photoshop 里的其他工具来配合并选择出背景区域,选择的越精确越好。

(3)转换背景图层模式

双击【背景】图层,在弹出的【新图层】对话框中单击【确定】以将【背景】图层转换成【图层 0】图层(即普通图层),如图 1-51 所示。

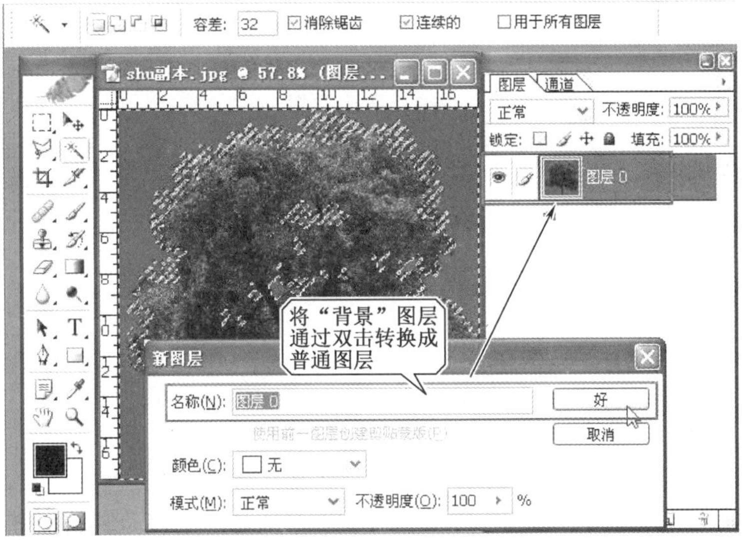

图 1-51　转换背景图层模式

(4)删除背景

按键盘上的 Delete 键将选择的背景区域图像删除,背景就成了透明的背景。

(5)另存图像为PNG格式的图像文件

最后将当前图像存储为PNG格式的图像文件,如图1-52所示。

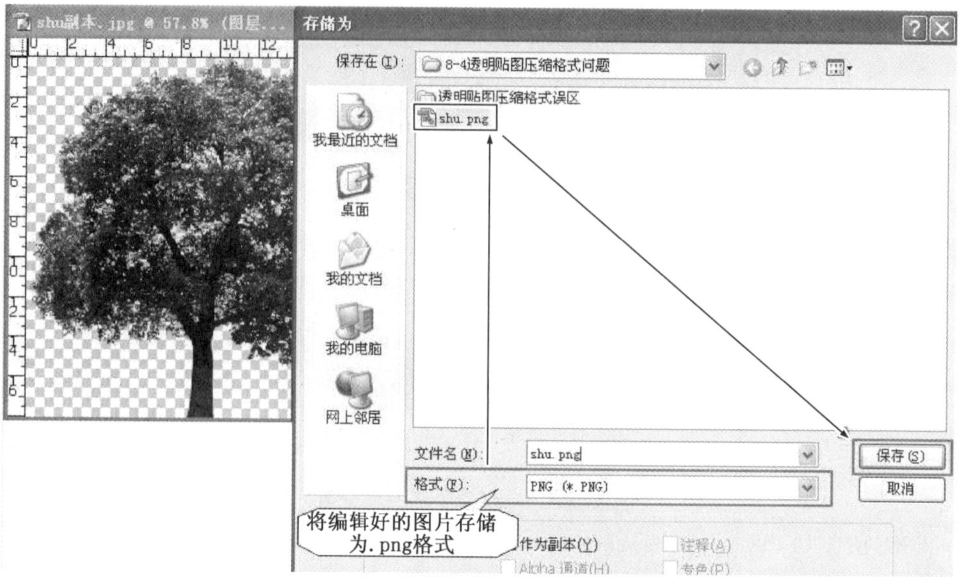

图1-52　另存图像为PNG格式

至此,PNG格式的图像文件就制作完成了。PNG格式的图像是一种以透明底作为通道信息的图像文件,很多用户因为不明白PNG图像原理,在制作PNG图像时只是将图像另存为了PNG格式的图像,而不知道将背景处理成透明的,这样制作出来的图片是不正确的。

1.4.2　模型烘焙技术

1.3DS Max下的烘焙方法

在3DS Max中对物体进行烘焙的制作步骤如下。

(1)创建场景

在3DS Max中创建一个场景,如图1-53所示。用户只需要打开场景实例,其中灯光、材质、相机、渲染参数都已经设置好。

(2)使用默认参数烘焙并导出

在对3DS Max中的场景渲染效果感到满意之后,即可对当前场景进行烘焙操作。操作步骤如下。

①在3DS Max任意视图中选择所有物体(也可直接按下Ctrl+A组合键)。

②单击Rendering/Render To Texture(或在关闭输入法状态下直接按下数字键"0"),随后便会弹出Render To Textures对话框。

③依次按照图1-54所示的参数进行设置,图中提示部分是必须设置的,其他为默认参数。若默认值被误修改,请根据图1-54显示的数据恢复这些默认值,设置完毕后点击Render开始烘焙。

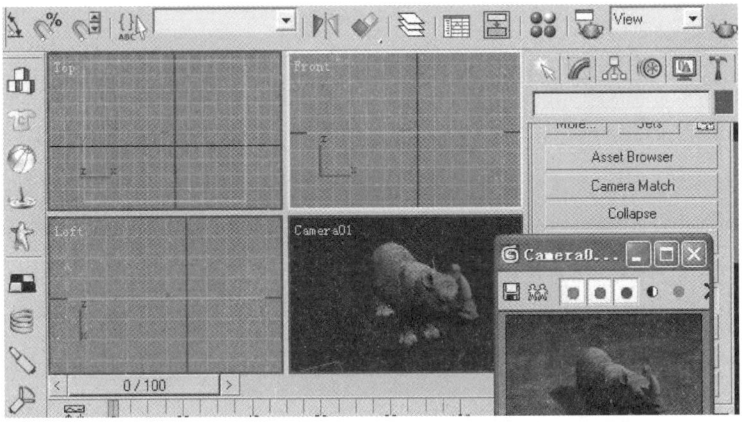

图 1 – 53 创建场景

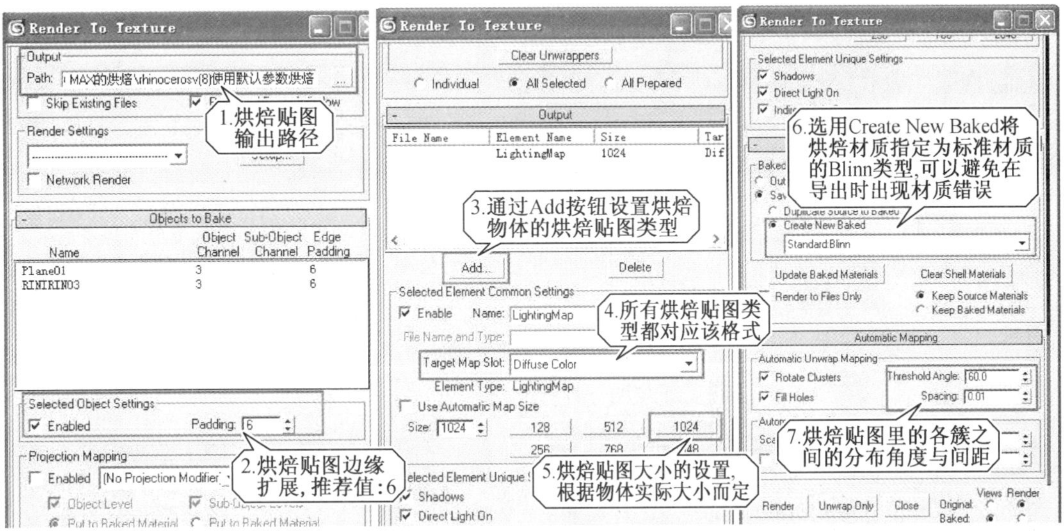

图 1 – 54 参数设置

注：烘焙时间会因计算机的硬件性能不同而异（经测试，在 2G 的 CPU 上，该场景的烘焙时间为 10 min 左右）。烘焙过程中可按 Esc 键中断，这个过程是整个场景制作中最耗时的部分。

本例使用 CompleteMap 作为烘焙类型，烘焙贴图大小为 256。烘焙完毕并导出，结果如图 1 – 55 所示。

由图 1 – 55 可以发现，烘焙的效果并不理想。Rhinoceros 身上的纹理与草地的纹理模糊不清，并出现了不同程度的黑斑。这是因为在烘焙时没有对一些参数做调整，即当物体被烘焙时首先会被烘焙工具进行 UV 平铺，而平铺的质量会直接影响烘焙的质量，所以需要根据具体情况对烘焙参数进行调整。

（3）了解烘焙参数

打开 Render To Texture 面板，重新设置烘焙参数，使用 LightingMap 作为烘焙类型；烘焙贴图大小为 1 024；Threshold Angle（簇与簇之间的角度）为 60，Spacing（簇与簇之间的间距）为 0.01。具体烘焙参数含义，如图 1 – 56 所示。

图 1－55　烘焙贴图

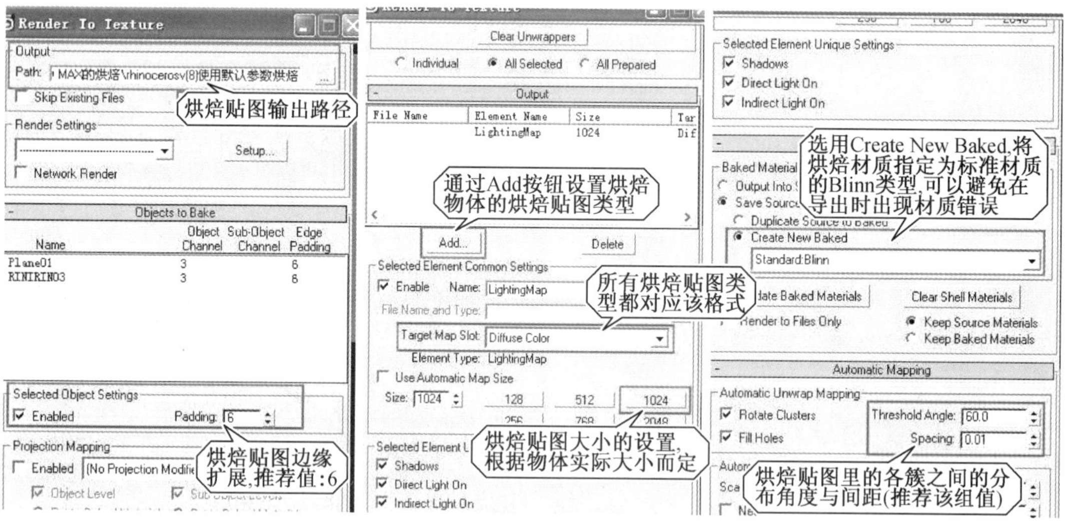

图 1－56　烘焙参数含义

众所周知,纹理图越大渲染的效果越好。烘焙纹理也是一样。烘焙纹理的大小直接影响最终效果。但纹理过大,对计算机的系统资源的消耗也就越大,渲染速度也会相对变得很慢。因此,对于一个复杂的场景,需要有计划地进行烘焙设置。面对表面积比较大的、复杂的多边形面片应优先考虑使用较大的纹理尺寸,其他的物体可以适当地降低烘焙时的纹理尺寸。这样可以节约有限的系统资源,从而获得高质高效的烘焙效果。

Threshold Angle 用于调节自动平铺 UV 纹理的角度域,提高它可以让更多的多边形面片放置在同一个簇里。增大平铺的簇可以减少平铺簇的碎片。由于渲染精度有限,过小的碎片在渲染时会被忽略掉,这样就会出现黑斑。但 Threshold Angle 也不能过高,过高会造成多边形过度扭曲引起失真,出现图像拉伸的情况,具体介绍和其他参数大家可以参看 3DS Max 的手册或其他相关书籍(Spacing 用于控制簇之间的间隙)。

(4)再次烘焙

再次烘焙时,由于保存路径中已经存在上一次烘焙的纹理文件,因此会弹出一个询问对话框,选取“Don’t show again”复选框,表示以后再遇到纹理重复的时候就不再需要提示了,这样可以减少工作量。当多个物体同时烘焙时,它能自动覆盖以前的重复文件而不用停下来等候用户的指示。这就体现出了自定义烘焙文件输出路径所带来的便利。然后按 Overwrite Files 继续进行。

值得注意的是,由于针对每个项目都设置了专门烘焙纹理保存目录,因此该操作不会将其他项目中的同名物体烘焙的图替换掉。

(5)浏览烘焙后的效果

烘焙完毕后可以导出来浏览烘焙后的效果。此次的效果要比上次好,Rhinoceros 身上的黑斑基本没有了。如图 1 -57 所示。

图 1 -57 浏览烘焙后效果

(6)其他注意事项

经过以上参数调节后,当前场景的烘焙效果已基本上比较理想了。还有更多的方法能让烘焙的纹理质量更好,即手动编辑物体的 UV 平铺参数。

自动 UV 平铺从操作上来说是非常便捷的,但它的平铺效果时常不能让人很满意,簇与簇之间的间隙虽然可以通过 Render To Texture 面板 General Settings 全局设置栏里的 Spacing 参数进行调节,但是并不能从根本解决问题。烘焙后从结果中可以看出,纹理图中有很多空间被浪费了,如图 1 -58 所示。

当多边形物体既复杂又非常细小时,总是不可避免地产生一些过小的簇,这些簇在烘焙时常常被忽略,造成最终的黑块和黑斑。通过手工调节就可以解决这一问题,并能有效地、合理地利用有限的面积提高烘焙纹理的利用率。如果有需要修改的物体,可以进入修改命令面板,编辑 Automatic Flatten UVs 堆栈。编辑方式和 3DS Max 的 Unwrap UVW 命令是一样的。建议用户参照 3DS Max 的手册或其他相关书籍。值得注意的是,修改后回到 Render To Texture 面板,不要再改动 Automatic Unwrap Mapping 栏中的任何参数,或者将其先关闭后再进行烘焙。否则,烘焙工具会重新对物体进行自动平铺,这样手动调节的工作就白干了。关闭自动平铺,如图 1 -59 所示。

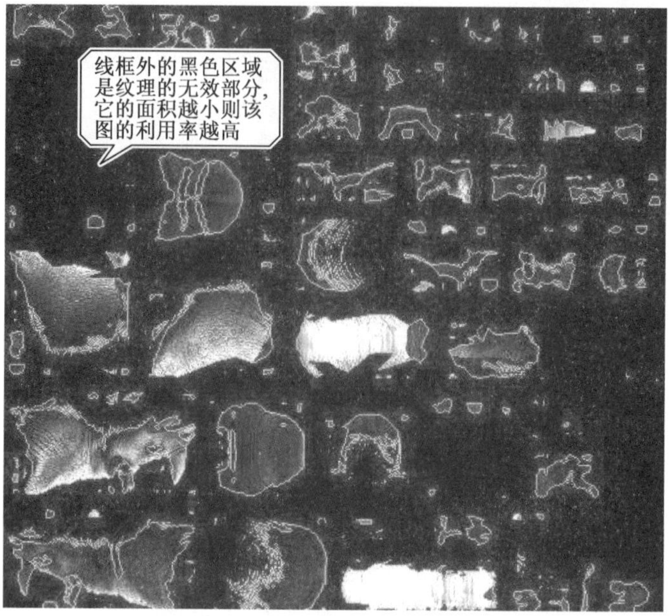

图 1-58　自动 UV 平铺

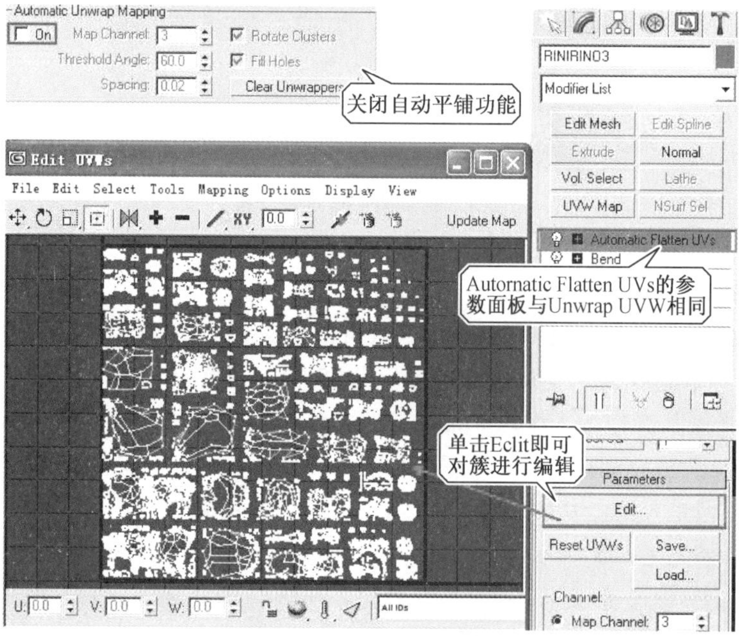

图 1-59　关闭自动平铺

(7)总结

烘焙能够把在非实时环境中渲染完成的灯光材质等效果转换到实时交互的环境中去,因此烘焙纹理的质量直接影响最终效果,表明提高烘焙技术非常重要。影响烘焙质量的有以下几个因素。

①物体自动 UV 平铺:烘焙选项中的 Automatic Unwrap MappingUV 能自动将物体的 UV

进行平铺。自动、成批量的平铺是它带给我们最大的便利,但效果并不是很理想。如多边形和面细密的物体在被自动 UV 平铺时会产生很多非常小的簇,渲染时受精度影响而忽略这些过小的簇,其结果是会出现很多的黑块与黑斑。

关于它的解决方法,一是适当提高 Threshold Angle 值,可以在一定程度上减少零散的簇;二是使用其他的 UV 平铺方法或工具,例如手工对簇进行调节,效果也会好很多。

值得注意的是,手工调节确实是一件耗费时间和精力的事情,对于速度和质量的平衡只有在实际工作中去把握了。

②UV 簇在烘焙纹理中的面积:纹理的大小是有限的,簇的面积越大,空隙越少,利用率越高,纹理的相对精度也会有所提高。降低 Render To Texture 面板 General Settings 全局设置栏里的 Spacing 参数固然能够减小簇间的间隙,但从根本上改善的方法仍是手工调节或使用其他工具或其他方式。

③纹理大小:默认的烘焙纹理大小是 256 ×256,这个参数对烘焙次要或小型的物体是可以的。但重要的是,大型物体则需要提高烘焙的纹理大小,即使用 512 ×512 或 1 024 ×1 024,甚至更高。随着精度的提高,文件量也会增加,这对于有限的设备资源来说,巨大的纹理虽然让画面质量提高了,但无法进行流畅地交互。虚拟现实原则上对纹理的大小没有限制,完全取决于用户的硬件设备,而且虚拟现实还提供了高效的纹理压缩方案,可以在硬件设备不足的情况下提供合适的解决方案。因此考虑各方面的兼容性,建议纹理大小尽量不要超过 1 024 ×1 024。

④烘焙对模型的要求:3DS Max 烘焙对模型是有一定要求的,例如它不支持 NURBS 物体,因为在自动 UV 平铺时对过于细小的面容易产生黑斑、图像扭曲、拉伸等现象。因此,要求用户在建模初期就做一些必要的处理,尽量避免存在过于密集的多边形和狭长的多边形,以便烘焙工作能高质高效地完成而不必做过多的调整。

2. Unity 3D 下的烘焙方法

Unity 3D 内置光照贴图的烘焙工具是 Illuminate Labs 的 Beast。烘焙光照贴图流程被完美地整合到 Unity 中,这就意味着使用 Beast 可以根据网格物体、材质贴图和灯光属性的设置来烘焙场景,从而得到完美的光照贴图。同时,这也意味着光照贴图将作为渲染引擎的一部分,只要烘焙一次光照贴图,就不需要其他任何操作。光照贴图将自动指定到物体上,如图 1 –60 所示。

(1)准备需要烘焙的光照贴图场景

从菜单选择 Window – Lightmapping,打开光照图工具窗口。检查要烘焙的模型上是否存在一个合适的用来定位光照贴图的 UVs,或者从 mesh import settings 面板中勾选 Generate Lightmap UVs 选项来生成一个用于定位光照贴图 UV 的集。

在物体面板中将烘焙光照贴图的物体设置为 Static(静态),如图 1 –61 所示。这样 Unity 就会知道哪些物体是需要被烘焙的。

图 1 - 60　光照贴图自动指定到物体上

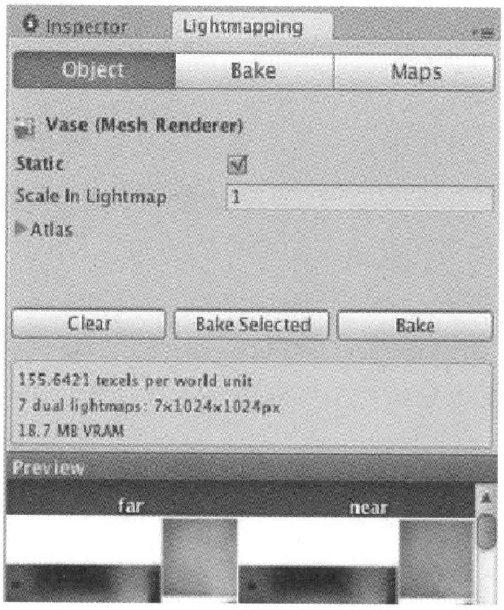

图 1 - 61　烘焙光照贴图的物体设置为 Static(静态)

在 Bake 面板下调整 Resolution 的值可以控制光照贴图的分辨率。Scene View 面板里勾选 Lightmap Display 小窗口中的 Show Resolution 选项，可以更直观地查看光照贴图的分辨率，如图 1 - 62 所示。

点击 Bake(烘焙)，在 Unity 编辑器底部状态栏的右边会出现一个进度条。当烘焙结束时，可以从光照贴图编辑器的底部预览窗口中查看所有烘焙好的光照贴图，场景和游戏窗口将会更新，可以在场景中看到光照贴图的效果。

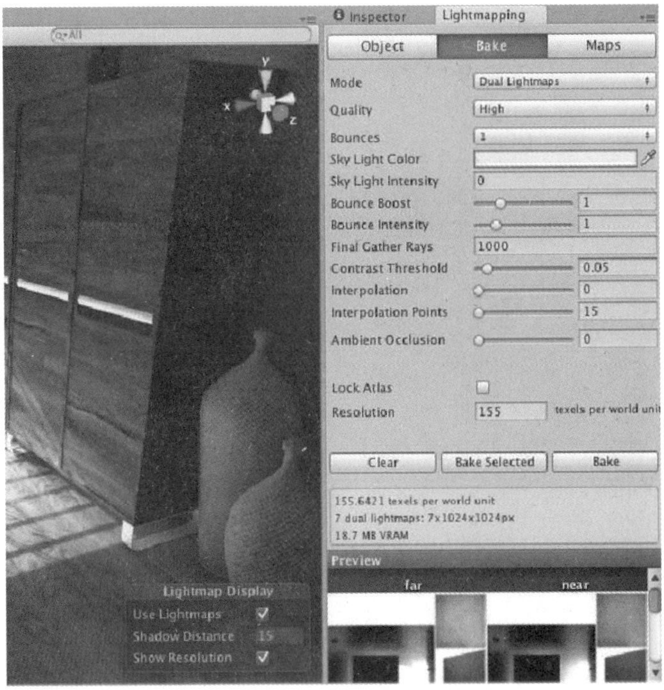

图 1-62　勾选 Show Resolution 查看光照贴图的分辨率

(2)Tweaking Bake Settings 调节烘焙设置

最终场景的渲染效果取决于对灯光和烘焙选项的更多设置。下面介绍通过一个基础设置改进光照质量的小例子。

例如有一个简单的场景,包含一组立方体和一个位于场景中心的点光源。点光源产生硬阴影,效果看起来十分昏暗和不自然。

选择灯光打开物体面板,展开阴影范围和阴影采样属性。设置阴影范围为 1.2,阴影采样为 100,重新烘焙,会产生一个半影范围很宽的软阴影,这样看起来就好多了。

使用专业版 Unity 能够开启全局光照和天光,烘焙画面效果能得到更大的改进。

1.5　虚拟现实导航技术

1.5.1　漫游类导航

1. 网页外部导航

网页外部导航适用于虚拟现实作品在网站上运行的方式,能够实现网站与虚拟现实作品的有机结合,效果如图 1-63 所示。其中小地图是通过网页上的层来实现的,网页通过 WebPlayer 插件连接到虚拟现实作品,实现二者之间的通信。

图1－63　网页外部导航效果

(1)Unity 3D 设置

在 Unity 3D(简称 U3D)下建立空物体 WebConnect,为其添加代码 WebConnect.js,具体代码如下。

```
//接收第一人称参数
var fpc:GameObject;

//从 Web 接收信息,设置当前相机
function SelectCamera(index:int)
{
  CameraSelect.currentCamera = index;
}

//从 Web 接收信息,设置第一人称位置
function SetFpcPosition(posString:String)
{
  var pos:String[ ] = posString.Split(char.Parse(","));
  var x:int = parseInt(pos[0]);
  var y:int = parseInt(pos[1]);
  var z:int = parseInt(pos[2]);

  fpc.transform.position = Vector3(x,y,z);
}

//给 FPC 第一人称移动时添加代码,向 Web 传递信息
//在第一人称的 FPSWalker.JS 代码添加下面代码,向 Web 发送当前位置信息
```

```
function FixedUpdate()
{
.....
Application.ExternalCall("ShowPosition",transform.position.x,transform.po-
sition.z);
}
```

(2)Web 设置

主要代码如下。

```
Web.html
//头文件中脚本
<script type="text/javascript">
    <!--
    function GetUnity() {
      if (typeofunityObject != "undefined") {
        return unityObject.getObjectById("unityPlayer");
      }
      return null;
    }
    if (typeofunityObject != "undefined") {
      unityObject.embedUnity("unityPlayer", "sdgc.unity3d", 781, 414);
    }
    -->
  </script>
<style type="text/css">
//Body 中主要脚本
<TD width=438 background=images/main_03.jpg><MARQUEE><FONT color=#
8bea6b>欢迎进入大庆市旅游区虚拟仿真系统</FONT></MARQUEE><br>
    <a href="#" onclick="SelectCircuit(1)">自动漫游1</a>
    <a href="#" onclick="SelectCircuit(2)">自动漫游2</a>
    <a href="#" onclick="SelectCircuit(0)">交互漫游</a>
</TD>
<SELECT id=select1 onchange="SetPos(select1.options.selectedIndex)" name=
select1>
    <OPTION value=0 selected>--- 请选择 ---</OPTION>
    <OPTION value=1>--- 北门入口 ---</OPTION>
    <OPTION value=2>--- 主控制台 ---</OPTION>
    <OPTION value=3>--- 湖畔凉亭 ---</OPTION>
    <OPTION value=4>--- 旱地喷泉 ---</OPTION>
    <OPTION value=5>--- 健身休闲 ---</OPTION>
    <OPTION value=6>--- 运动广场 ---</OPTION>
```

```
    <OPTION value =7 > - - -  儿童娱乐  - - - </OPTION >
</SELECT >
<DIV id = "map"; style = "POSITION:relative; height:414px; width:211px; cursor:move;" >
    <img id = "imageMap" onClick = "getClickPos(event)" src = "images/map.jpg"/ >
      <DIV id = FPCdiv style = "Z - INDEX: 1; POSITION:absolute;" >
      <OBJECT codeBase = http://download.macromedia.com/pub/shockwave/cabs/
flash/swflash.cab#version =7,0,19,0 height =16 width =16
          classid = clsid:D27CDB6E - AE6D - 11cf - 96B8 - 444553540000 >
           <PARAM NAME = "movie" VALUE = "images/ball.swf" >
           <PARAM NAME = "quality" VALUE = "high" >
           <PARAM NAME = "wmode" VALUE = "transparent" >
           <embed src = "images/ball.swf" quality = "high" pluginspage =
          "http://www.macromedia.com/go/getflashplayer"
          type = "application/x - shockwave - flash" width = "16" height = "16" >
           </embed >
        </OBJECT >
</DIV >
</BODY >
```

值得注意的是,在 Web 网页中引用 U3D 4.0 插件需要使用 u.getUnity()语句,而 U3D2.5 版本直接用 getUnity()语句;由于向 U3D 中传递参数只能为一个字符串形式,多个系数无效,当要传递多个数据时,需要进行适当转化;若要单机运行网页,需要将 Web 页面中引用的网络文件下载到本地,并适当修改相关引用地址。

2. 场景内部导航

场景内部导航如图 1-64 所示。

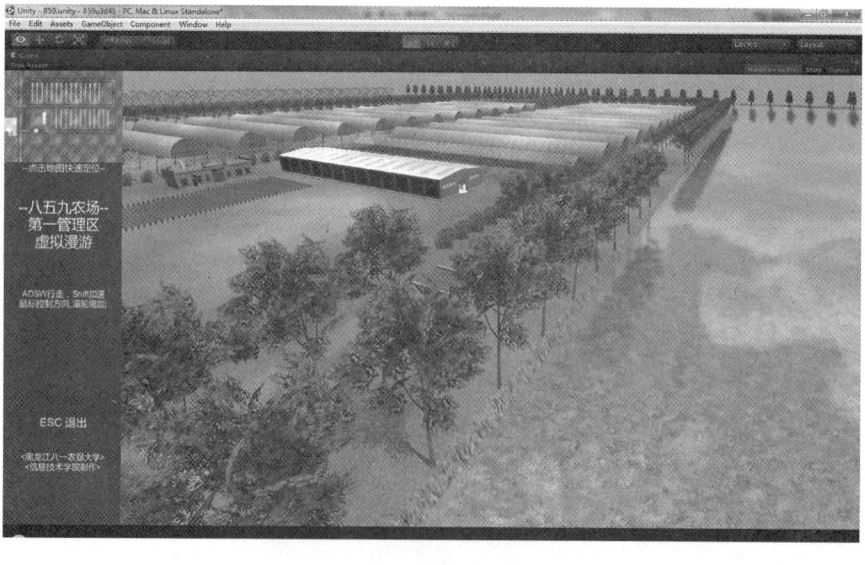

图 1-64　场景内部导航

当虚拟现实作品为单机版时,不能再使用网页小地图,这里可以使用相机平行投影来实现,这种方法会增加显示占用的资源,优点是不用专门维护小地图,系统会自动保持一致。

(1)设置小地图

主要代码如下。

```
using UnityEngine;
using System.Collections;

public class GenerateMap : MonoBehaviour
{
  public Transform target;
  public Texture2D marker;
  public float camHeight = 1.0f;
  public bool freezeRotation = true;
  public float camDistance = 2.0f;
  public enum ha {left, center, right};
  public enum va {top, middle, bottom};
  public ha horizontalAlignment = ha.left;
  public va verticalAlignment = va.top;
  public enum sd {pixels, screen_percentage};
  public sd dimensionsIn = sd.pixels;
  public int width = 50;
  public int heigth = 50;
  public float xOffset = 0f;
  public float yOffset = 0f;

  void Start(){
    Vector3 angles = transform.eulerAngles;
    angles.x = 90;
    angles.y = target.transform.eulerAngles.y;
    transform.eulerAngles = angles;
    Draw();
  }

  void Update(){
     transform.position = new Vector3(target.transform.position.x, target.
transform.position.y + camHeight, target.transform.position.z);
    camera.orthographicSize = camDistance;
    if (freezeRotation){
      Vector3 angles = transform.eulerAngles;
      angles.y = target.transform.eulerAngles.y;
      transform.eulerAngles = angles;
```

```
        }
    }

    void Draw(){
      int hsize = Mathf.RoundToInt(width * 0.01f * Screen.width);
      int vsize = Mathf.RoundToInt(heigth * 0.01f * Screen.height);
      int hloc = Mathf.RoundToInt(xOffset * 0.01f * Screen.width);
      int vloc = Mathf.RoundToInt((Screen.height - vsize) - (yOffset * 0.01f *
Screen.height));
      if(dimensionsIn = = sd.screen_percentage){
        hsize = Mathf.RoundToInt(width * 0.01f * Screen.width);
        vsize = Mathf.RoundToInt(heigth * 0.01f * Screen.height);
      } else {
        hsize = width;
        vsize = heigth;
      }

    switch(horizontalAlignment){
        case ha.left:
          hloc = Mathf.RoundToInt(xOffset * 0.01f * Screen.width);
        break;
        case ha.right:
          hloc = Mathf.RoundToInt((Screen.width - hsize) - (xOffset * 0.01f *
Screen.width));
        break;
        case ha.center:
          hloc = Mathf.RoundToInt(((Screen.width * 0.5f) - (hsize * 0.5f)) -
(xOffset * 0.01f * Screen.height));
        break;
      }
      switch(verticalAlignment){
        case va.top:
          vloc = Mathf.RoundToInt((Screen.height - vsize) - (yOffset * 0.01f *
Screen.height));
        break;
        case va.bottom:
          vloc = Mathf.RoundToInt(yOffset * 0.01f * Screen.height);
        break;
        case va.middle:
          vloc = Mathf.RoundToInt(((Screen.height * 0.5f) - (vsize * 0.5f)) -
(yOffset * 0.01f * Screen.height));
```

```
            break;
         }
       camera.pixelRect = new Rect(hloc,vloc,hsize,vsize);
      }
    void OnGUI(){
       Vector3 markerPos = camera. camera.WorldToViewportPoint (target.posi-
tion);
       int pointX = Mathf.RoundToInt((camera.pixelRect.xMin + camera.pixelRect.
xMax) * markerPos.x);
       int pointY = Mathf.RoundToInt(Screen.height - (camera.pixelRect.yMin +
camera.pixelRect.yMax) * markerPos.y);
       GUI.DrawTexture( new Rect(pointX - (marker.width * 0.5f),pointY - (marker.
height * 0.5f),marker.width,marker.height),
       marker, ScaleMode.StretchToFill, true, 10.0f);
      }
   }
```

(2)小地图点击定位

当小地图被点击时,为了实现将第三人称物体导航到指定位置,在场景上空设置了一个透明的具有碰撞盒的 CUBE 物体,上面加载面的代码可以实现屏幕坐标与三维场景坐标之间的转换,主要代码如下。

```
void OnMouseUp()
{
  //print ("click");
  Ray ray =gameObject.camera.ScreenPointToRay(Input.mousePosition);
  RaycastHit hit;
  if (Physics.Raycast (ray,out hit))
  {
    player.transform.position =hit.point +new Vector3(0,player.height/2 + .1f,0);
  }
}
```

(3)MouseView3D 三维观察类

这个观察类模块可以实现用鼠标在三维场景下以某物体(如玩家)为中心,任意距离、多角度观察三维场景,主要代码如下。

```
public class MouseView3D : MonoBehaviour
{
  public Transform playerCam;
  public float distance = 5.0f;
  public float minDistance = 2f;
```

```
public float maxDistance = 300f;
public float xSpeed = 250.0f;
public float ySpeed = 250.0f;
public float yMinLimit = 0f;
public float yMaxLimit = 80f;
float x = 0.0f;
float y = 0.0f;
float curDistance =10.0f;
void Start ()
{
  //playerCam = Camera.playerCamera.transform;
  Vector3 angles = playerCam.eulerAngles;
  x = angles.y;
  y = angles.x;
  Quaternion rotation = Quaternion.Euler(y, x, 0f);
  Vector3 position = rotation *new Vector3(0.0f, 0.0f, -distance) + trans-
form.position;
  playerCam.rotation = rotation;
  playerCam.position = position;

  //Make the rigid body not change rotation
  if (rigidbody){
    rigidbody.freezeRotation = true;
  }
  curDistance = distance;
}

void LateUpdate ()
{
  if (Input.GetAxis("Mouse ScrollWheel") ! = 0) {

  curDistance - = Input.GetAxis("Mouse ScrollWheel") * curDistance;
  if (curDistance < minDistance) {
    curDistance = minDistance;
  }
  if (curDistance > maxDistance) {
    curDistance = maxDistance;
  }
playerCam.position = Vector3.Normalize(playerCam.position - transform.posi-
tion) * curDistance + transform.position;
  }
```

```
        x + = Input.GetAxis("Mouse X") * xSpeed * 0.02f;
        y - = Input.GetAxis("Mouse Y") * ySpeed * 0.02f;
        y = ClampAngle(y, yMinLimit, yMaxLimit);
        Quaternion rotation = Quaternion.Euler(y, x, 0f);
        Vector3 position = rotation * new Vector3(0.0f, 0.0f, - curDistance) +
transform.position;
        playerCam.rotation = rotation;
        playerCam.position = position;
      if(Input.GetAxis("Vertical")! =0||Input.GetAxis("Horizontal")! =0)
      {
        curDistance = distance;
      }
    }
    float ClampAngle (float angle, float min, float max)
    {
      if (angle < -360) angle + = 360;
      if (angle > 360) angle - = 360;
      return Mathf.Clamp (angle, min, max);
    }
}
```

1.5.2 操作类导航

在一些虚拟操作展示项目中,场景中有大量的小物体。为了便于观察,有时还要根据需要隐藏和显示部分物体。这个功能可以通过网页的树形结构来实现,如图 1 - 65 所示。

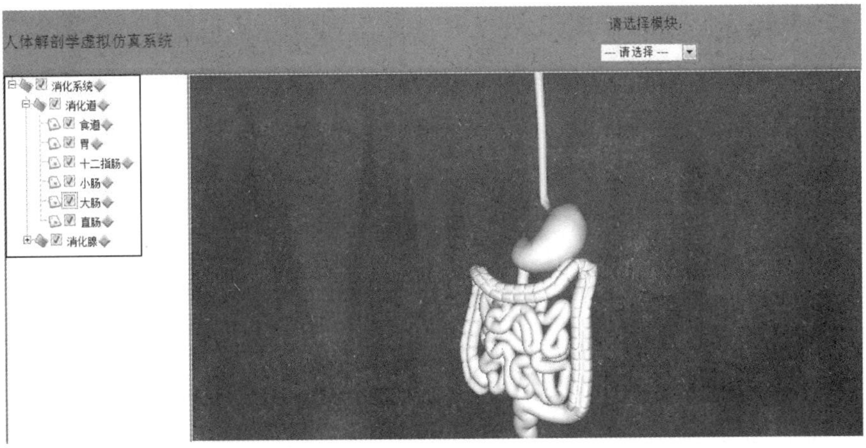

图 1 - 65　树形结构

这个树形结构是动态生成的,其数据存储在对应的 XML 文件中,代码如下。

```
<? xml version = "1.0" encoding = "utf - 8"? >
```

```
<treenode caption="人体结构" check="true" u3dName="rtjg">
 <tnode caption="消化系统" check="true" u3dName="xhxt">
  <tnode caption="消化道" check="true" u3dName="xhd">
   <tnode caption="食道" check="true" u3dName="shidao"/>
   <tnode caption="胃" check="true" u3dName="wei"/>
   <tnode caption="十二指肠" check="true" u3dName="shierzhichang"/>
   <tnode caption="小肠" check="true" u3dName="xiaochang"/>
   <tnode caption="大肠" check="true" u3dName="dachang"/>
   <tnode caption="直肠" check="true" u3dName="zhichang"/>
  </tnode>
  <tnode caption="消化腺" check="false" u3dName="">
   <tnode caption="肝" check="false" u3dName="">
    <tnode caption="胆囊" check="false" u3dName=""/>
    <tnode caption="输胆管" check="false" u3dName=""/>
   </tnode>
   <tnode caption="胰" check="false" u3dName=""/>
  </tnode>
 </tnode>
</treenode>
```

通过不同的结构属性实现了与虚拟场景的连接。

1.6 虚拟农场开发插件设计

虚拟农场类项目的设计中经常会遇到各种重复性劳动的情况，这类操作不仅工作量大，而且有时要求各种模型的精度较高，一般的手动设计很难满足要求。如果可以有效地利用 Unity3D 的内置功能，开发各种插件，不仅可以提高开发的效率，还可以使场景更加美观。

1.6.1 批量种植植物插件

虚拟农场离不开植物的种植操作，Unity3D 内置在地形对象上种植树的方法不仅美观，而且资源占用较少，执行效率较高。对于少量的或者没有规律的随机种植，Unity3D 内置的种植功能可以方便地完成。如果要求大量种植植物，对于植株间距是有一定要求的，传统方法很难完成，即使勉强实现，也很难达到要求的精度。因此，研发专门的植物种植插件，可以方便地实现地块的种植操作，效率非常高。

1. 方形地块种植

一般的农场地块，如玉米地、水稻田等，对植株的行列间距都有严格的要求，而且一般地块大都为方形，如图 1－66 所示。因此，开发方形地块的批量种植功能，具有较强的实际意义。

图 1-66 方形地块

图 1-66 为方形批量种植玉米的效果,为了能够让这个功能重复使用,并可以根据用户的要求对各种种植数据进行定制,在此专门研发了 AutoPlant 自动种植插件。在使用插件时,用户只需要将相关代码模块拖放到地形对象上,就可以根据需要快捷地建立自己的种植地块。其中,种植地块的大小、行列间距都可以进行设置,用户还可以任意调整地块的走向。

主要相关代码如下。

```
void OnDrawGizmos()
  {
    Vector3 p0,p1,p2,p3,wx,wz,ps,pe,dx,dz;
    Gizmos.color = new Color(0.0f,0.0f,1.0f);
    p0 = plant.transform.position;
    p1 = p0 + plant.transform.TransformDirection(Vector3.forward * plantZWidth);
    p2 = p1 + plant.transform.TransformDirection(Vector3.right * plantXWidth);
    p3 = p0 + plant.transform.TransformDirection(Vector3.right * plantXWidth);

    Gizmos.DrawLine(p0,p1);
    Gizmos.DrawLine(p1,p2);
    Gizmos.DrawLine(p0,p3);
    Gizmos.DrawLine(p2,p3);

    dx = plant.transform.TransformDirection(Vector3.right * plantXDistance);
     dz = plant.transform.TransformDirection(Vector3.forward * plantZDis-
tance);
```

```
    wx = dx * (plantXWidth/plantXDistance < 10? plantXWidth/plantXDistance:10);
    wz = dz * (plantZWidth/plantZDistance < 10? plantZWidth/plantZDistance:10);

    if(! onlyBorder)
    {
      for(int i = 0;i < plantXWidth/plantXDistance&&i < = 10;i + +)
      {
        ps = p0 + dx * i;
        pe = ps + wz;
        Gizmos.DrawLine(ps,pe);
      }
      for(int i = 0;i < plantZWidth/plantZDistance&&i < = 10;i + +)
      {
        ps = p0 + dz * i;
        pe = ps + wx;
        Gizmos.DrawLine(ps,pe);
      }
    }
}
```

该函数使用简单,用户可以输入参数,实时绘制参考线,根据参考线调整种植参数。

```
public void FinalizePlant()
{
  Vector3 p0,dx,dz;
  p0 = plant.transform.position;
  dx = plant.transform.TransformDirection(Vector3.right * plantXDistance);
  dz = plant.transform.TransformDirection(Vector3.forward * plantZDistance);
  int xw,zw;
  xw = (int)(plantXWidth/plantXDistance);
  zw = (int)(plantZWidth/plantZDistance);

  for(int i = 0;i < = xw;i + +)
  {
    for(int j = 0;j < = zw;j + +)
    {
      if((i = = 0 ||j = = 0 ||i = = xw ||j = = zw) ||! onlyBorder)
      {
        TreeInstance tempInstance = new TreeInstance ();
        Vector3 pos = p0 + dx * i + dz * j;

        tempInstance.position = new Vector3(pos.x/terData.size.x,0,pos.z/ter-
Data.size.z);
```

```
            tempInstance.prototypeIndex = plantTreeIndex;
            tempInstance.color = Color.white;
            tempInstance.lightmapColor = Color.white;
            tempInstance.heightScale = 1;
            tempInstance.widthScale = 1;
            terComponent.AddTreeInstance(tempInstance);
          }
        }
      }
      terComponent.Flush ();
    }
```

该函数的作用是当用户设置完毕后，点击最后确认按钮时，可根据参考线位置，将各类作物在地形上种植。由于设置操作有缓存功能，用户对种植效果不满意时，可以倒退操作，取消种植。

2. 路径种植

有些情况要求在固定的路径上种植某一种植物，这时就要求能够设计固定的路径。用户可以按一定的间距或者一定的数量在路径上种植植物。例如，一个湖边的人工防护林，要求按湖的边界进行种植，这就属于路径种植，如图 1 – 67 所示。

图 1 – 67　路径种植

如图 1 – 67 所示，用户在物体下加入若干个子物体（图中小球），而每个子物体的位置被限制，只能在地面上移动，小球位置的改变将会更改路径的走向。为了使路径能够平滑显示,算法中使用了 Bezier 拟合曲线生成路径。用户可以通过参数改变植株的间距,参考线会实时显示出种植效果,当用户确认后可以实现真正种植操作。

这个算法涉及拟合曲线的算法,比较复杂,由于篇幅原因在此只给出主要代码,其他有关计算机图形学曲线生成原理的部分代码没有列出。

```
void OnDrawGizmos()
{
  terrainObj = parentTerrain;
  terComponent = (Terrain) terrainObj.GetComponent(typeof(Terrain));
  if(terComponent == null)
    Debug.LogError("This script must be attached to a terrain object - Null reference will be thrown");
  terData = terComponent.terrainData;
  terrainHeights = terData.GetHeights(0, 0, terData.heightmapResolution, terData.heightmapResolution);

  Transform[] mTrans = transform.GetComponentsInChildren<Transform>();
  int tLen = mTrans.Length;

  for(int i = 0;i < tLen;i++)
  {
    mTrans[i].position = GetLinePoint(mTrans[i].position);// + Vector3.up;
  }

  if (tLen < 3)
  {
        return;
  }
  mTransforms = new Transform[tLen - 1];
  //mTrans.CopyTo(1,mTransforms);

  for(int i = 0;i < tLen - 1;i++){
    mTransforms[i] = (Transform)mTrans[i + 1];
  }
  SetupSplineInterpolator();

  Vector3 StartPos = GetLinePoint(mTransforms[0].position);
  Vector3 prevPos = StartPos;
  Vector3[] linePoint = new Vector3[lineCount];
  linePoint[0] = StartPos;
  Gizmos.color = new Color(0.0f, 0.0f, 1.0f);
```

```
//draw ground line
for (int c =1; c <lineCount; c++)
{
  float currTime =(float)c /lineCount;
  Vector3 pos = GetHermiteAtTime(currTime);
  //Vector3 currPos =pos;
  Vector3 currPos =GetLinePoint(pos);
  linePoint[c] =currPos;
  Gizmos.DrawLine(prevPos, currPos);
  prevPos = currPos;
}
Gizmos.DrawLine(prevPos, StartPos);
//draw plant line
Vector3 curPlantPos =linePoint[0];
Vector3 prePos =curPlantPos;
Vector3 tempPos =linePoint[0];
Gizmos.DrawLine(curPlantPos, curPlantPos +Vector3.up);
float curDistance =0f;
int n =0;
for(int i =1;i <lineCount;i++)
{
  float curLineLength =(linePoint[i] -tempPos).magnitude;
  if(curDistance +curLineLength <plantDistance)
  {
  curDistance += curLineLength;
  tempPos =linePoint[i];
  }
else
  {
  float tempLength =plantDistance -curDistance;
  //Debug.Log("n =" +n++);
  prePos =curPlantPos;
  curPlantPos =tempPos +(linePoint[i] -tempPos).normalized *tempLength;
  Gizmos.DrawLine(curPlantPos, curPlantPos +Vector3.up);
  //Gizmos.DrawLine(curPlantPos, prePos);
  curDistance =0f;
  tempPos =curPlantPos;
  i--;
  }
 }
}
```

1.6.2 修改地表纹理插件

有时在虚拟地形上，需要设置专门的纹理效果，如地块、道路等，如图 1－68 所示。

图 1－68 设置专门的纹理效果

如果设计出专门的填充地形纹理插件，将很方便地解决这类问题，插件如图 1－69 所示，主要相关代码如下。

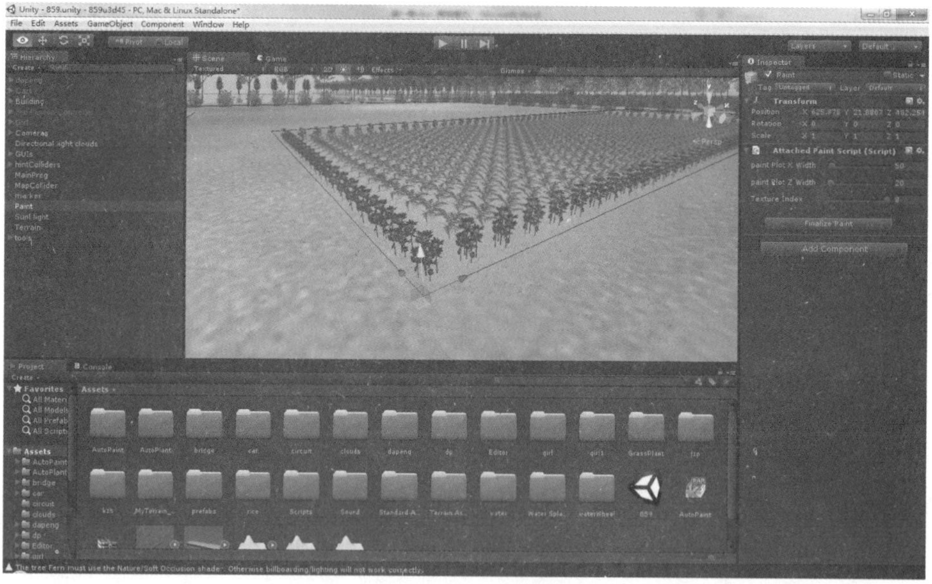

图 1－69 填充地形纹理插件

```
void OnDrawGizmos()
  {
    Vector3 p0,p1,p2,p3;
```

```
    Gizmos.color = new Color(0.0f,0.0f,1.0f);
    p0 = paint.transform.position;
    p1 = p0 + paint.transform.TransformDirection(Vector3.forward * paintZWidth);
    p2 = p1 + paint.transform.TransformDirection(Vector3.right * paintXWidth);
    p3 = p0 + paint.transform.TransformDirection(Vector3.right * paintXWidth);

    Gizmos.DrawLine(p0,p1);
    Gizmos.DrawLine(p1,p2);
    Gizmos.DrawLine(p0,p3);
    Gizmos.DrawLine(p2,p3);
  }

  public void FinalizePaint()
  {
    float scale = terData.alphamapWidth/terData.size.x;
    int sx = (int)((paint.transform.position.x - terComponent.GetPosition().x) *
scale);
    int sz = (int)((paint.transform.position.z - terComponent.GetPosition().z) *
scale);
    int ex = (int)((paint.transform.position.x - terComponent.GetPosition().x +
paintXWidth) * scale);
    int ez = (int)((paint.transform.position.z - terComponent.GetPosition().z +
paintZWidth) * scale);
    //Debug.Log("paint.transform.position.x = " + paint.transform.position.x);
    float[,,] newTexture = new float[ez - sz,ex - sx,terData.alphamapLayers];

    for (int z = 0 ; z < ez - sz ; z++)
    {
      for (int x = 0 ; x < ex - sx ; x++)
      {
        for(int i = 0 ; i < terData.alphamapLayers ; i++)
        {
          newTexture[z, x, i] = (i == paintTextureIndex) ? 1 : 0;
        }
      }
    }
    terData.SetAlphamaps(sx, sz, newTexture);
}
```

1.6.3 耕地插件

在有农机的耕种虚拟仿真中,需要经常展现地形的高度及起伏的效果,使用地表高度控制插件可以很方便地实现翻地、整地效果,如图1-70所示。主要相关代码如下。

图1-70　使用地表高度控制插件

```
void Update ()
  {
    int sx, sz;

    if (timer < fandiTime)
    {
      transform.Translate (0, 0, velocity * Time.deltaTime);

      wheelLeftFront.Rotate (frontVelocity * Time.deltaTime, 0, 0);
      wheelRightFront.Rotate (frontVelocity * Time.deltaTime, 0, 0);
      wheelLeftBack.Rotate (backVelocity * Time.deltaTime, 0, 0);
      wheelRightBack.Rotate (backVelocity * Time.deltaTime, 0, 0);

      fdjwheel.Rotate (fdjVelocity * Time.deltaTime, 0, 0);

      timer + = Time.deltaTime;

        for (int i = 0; i < 16; i + +)
        {
          for (int j = 0; j < 10; j + +)
          {
            fandiArea[i, j] = ((j * 1.6f < i) ? 49.5f : (49.4f + Random.Range
(0f, 0.6f))) /terData.size.y;
          }
        }

        sx = (int)(lis[0].position.x /terData.size.x * terData.heightmapWidth) - 9;
        sz = (int)(lis[0].position.z /terData.size.z * terData.heightmapHeight) - 10;
        terData.SetHeights(sx, sz, fandiArea);
```

```
            for (int i = 0; i < 7; i + +)
            {
              float scale = terData.alphamapWidth /terData.size.x;
              sx = (int)((lis[i].position.x - terrain.GetPosition().x) * scale);
              sz = (int)((lis[i].position.z - terrain.GetPosition().z) * scale);

              terData.SetAlphamaps(sx, sz, newTexture);
            }
          }

      }

      void CreateBumpArea(int ox,int oy, int ow, int oh)
      {
        int sx =(int)(ox/terData.size.x * terData.heightmapWidth);
        int sz =(int)(oy/terData.size.z * terData.heightmapHeight);
        int w =(int)(ow/terData.size.x * terData.heightmapWidth);
        int h =(int)(oh/terData.size.z * terData.heightmapHeight);

        float[,] bumpHeights = new float[h,w];

        for(int i =0;i <h;i + +)
        {
          for(int j =0;j <w;j + +)
          {
            bumpHeights[i,j] =(49.4f +Random.Range(0f, 0.6f))/terData.size.y;
          }
        }

      terData.SetHeights (sx, sz, bumpHeights);
    }
```

1.7 本章小结

本章对虚拟现实技术的概念,以及在农业上应用的工具软件进行了简单的介绍,着重探讨了虚拟现实系统开发的各种相关技术,包括虚拟现实场景建模技术、模型后期处理技术、虚拟现实导航技术等。同时,尝试了在虚拟现实系统中关于各种插件的研发,该部分内容技巧性较强,但十分实用,应用得当可以大大提高作品的开发效率。

2 虚拟农场地形地貌建模

近年来,虚拟现实技术在农业虚拟仿真、农业生态旅游等方面的应用越来越广泛。人们利用虚拟植物、虚拟农田等模型建立虚拟农场,可以让其在计算机上种植虚拟作物并进行虚拟农场管理。同时,人们可以从任意角度甚至在作物冠层内漫游观察作物的生长状况及生长的动态过程,还可以通过改变虚拟农场的环境条件和栽培措施,直观地观察作物的生长情况。在虚拟农场设计过程中,农场的地形建模是模拟真实世界的一个重要组成部分。目前,关于地形建模的研究已经很广泛,其中包括快速生成大规模的地形高度数据、地形地貌的细分优化、地表泥土的模拟等。

通过对目前流行的虚拟现实软件进行比较,本研究选用 Unity 3D 作为虚拟农场的开发环境。利用 Unity 3D 建立的 Terrain 地形,可以存储和动态设置地形上各个网格点的高度坐标,灵活地实现各种复杂地形。同时,Unity 3D 支持用户在地形上交互式增加和删除三维植物,这是大多数三维虚拟软件所不具备的。由于具有植物模型优化和动态修改功能,软件为后期虚拟农场的操作提供了保障。

常规的地形建模一般都是利用 Unity 3D 下的 Terrain 地形建立山脉、湖泊等大体结构,其他如建筑、公路、田垄等细节是利用第三方建模工具单独建模后进行导入的。这样做的缺点是地形上的元素不能保持一致,这为后期的仿真带来不便。因为农场仿真操作大都是在野外条件下,而且一般都是涉及农作物的操作,所以除单体的建筑物外,其他的道路、沟渠、田垄等细节将采用统一的地形建模。地形的生成分为地形轮廓导入和地形细节设计两个步骤。地形的原始数据来自 Google Earth,将其导入 Unity 3D 虚拟现实场景中,便生成了农场地形的轮廓。地形细节利用高度图手工绘制,然后在地形上添加地貌纹理、河流、植被等对象。这种方法建立的地形在保证整体与实际地形一致的同时,在细节设计上保留了较大的自由度。同时,建立的地形支持高度自由变换、随机栽种植物、地表纹理绘制等功能,为后期虚拟农场的仿真操作提供了技术保障。

2.1 地形轮廓的生成

2.1.1 Mesh 网格地形下载

要建立虚拟农场中的地形,首先要有地形 DEM 的原始数据。由于 SketchUp 与 Google Earth 三维地理信息系统的完美结合,人们可以下载全球任一地区的真实地形数据(这个数据精度不是太高,但基本能够满足虚拟农场的需要)。首先,在 SketchUp 中利用“插入地形”工具得到小块地形,而 Google Earth 每次插入的地形大小有限,如果要实现大面积的地形效果,需要多次插入小面积的地块;其次,经过“解锁、炸开、合并”等操作建立一个完整的地块；再次，将地形通过 3DS 格式导入 3DS Max 中进行后期处理，主要包括地形的规格化、顶点焊接、修补漏洞、更新轴心点、重新命名等；最后，通过 FBX 格式将 Mesh 网格地形导入 Unity 3D 中，如图 2 - 1 所示。其中，图 2 - 1(a)为在 Google Earth 中选择单个小地形图；图 2 - 1(b)为将多个小地形图在 SketchUp 中进行拼接；图 2 - 1(c)为在 3DS Max 中进行后期处理；图 2 - 1(d)为将地形图导入 Unity 3D 中。

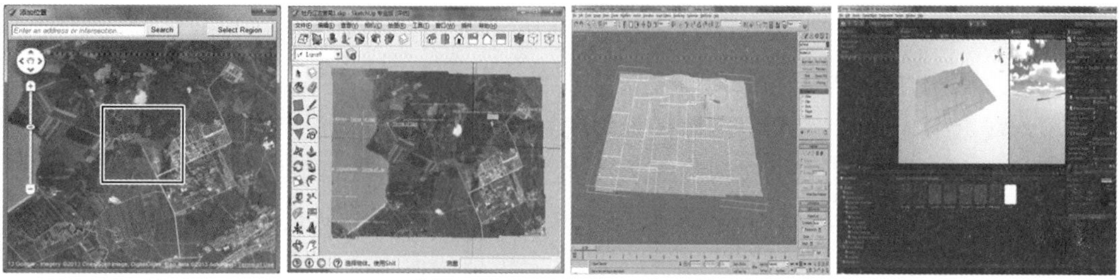

(a) (b) (c) (d)

图 2 - 1　Mesh 地形的下载与处理

这里得到的地形数据可以作为虚拟农场的周边背景，但由于是外部导入的三维物体，在 Unity 3D 中无法根据平面坐标取得或改变地形上每个点的海拔高度，不能满足虚拟农场后期仿真的需要，因此需要将 Mesh 地形转化为 Unity 3D 下内置的 Terrain 对象。

2.1.2　地形轮廓的导入

Terrain 对象是 Unity 3D 下的内置对象，因此只能对该对象进行设计，不能通过其他三维模型转换得到。在 Unity 3D 里设计算法可以实现将 Mesh 地形的高度值导入 Terrain 地形上。算法的主要原理是利用 Unity 3D 内置物理引擎中的光线投射功能(ray cast)，在 Mesh 地形的上方进行光线扫描，逐行逐列地向下发射光线，当光线遇到 Mesh 地形时会记录光线的长度，再用 Terrain 对象的 Height(高度)属性值减去光线长度，从而得到 Mesh 地形在这一点的高度值，再将该高度值映射到 Terrain 对象上，最后 Terrain 对象具有与 Mesh 地形完全一样的地形高度效果，如图 2 - 2 所示。其中，图 2 - 2(a)为利用光线投掷算法测量地形各个点的高程；图 2 - 2(b)为将高程导入 Terrain 地形上的最终效果。

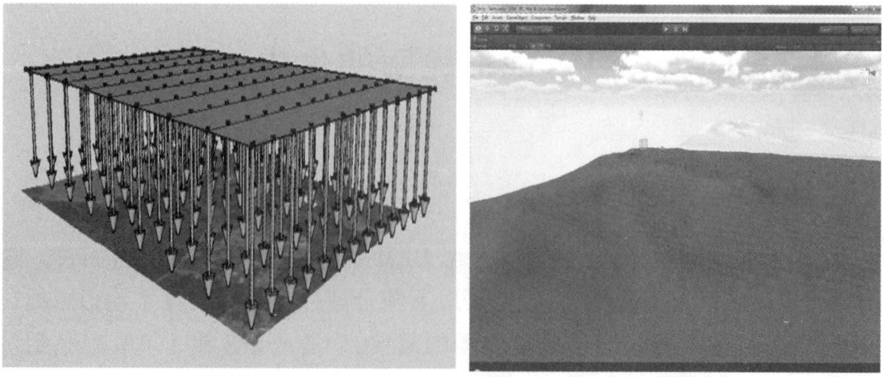

(a) (b)

图 2 - 2　利用光线投射功能实现 Terrain 地形

地形导入算法如图 2 - 3 所示。

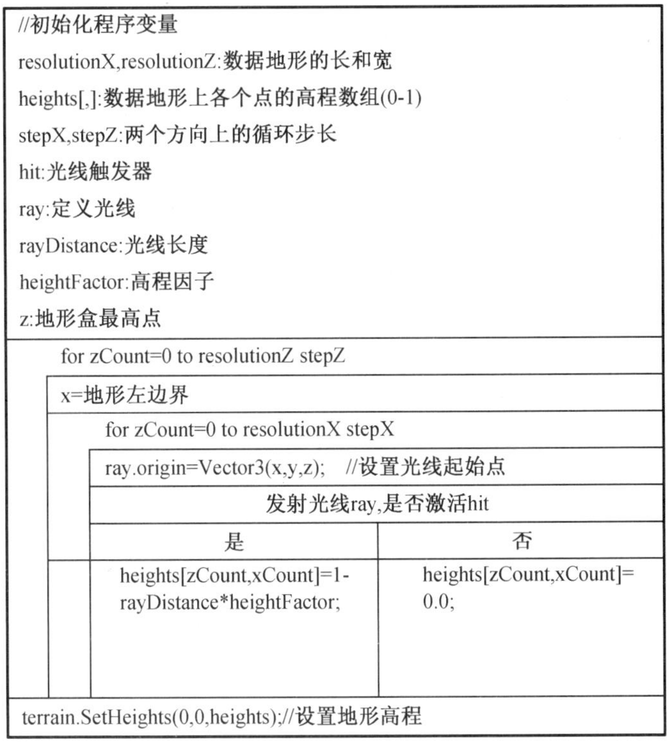

图 2 - 3　地形导入算法

2.2　地形细节制作

2.2.1　常规地形细节建模存在的问题

由于 Google Earth 地形精度的原因,前面导入的地形只是农场环境地势的大体轮廓,一些细节还需要手工进行设计。Unity 3D 提供了利用笔刷工具改变地形高低的功能,但这只能进行一些粗略的绘制,无法实现精确的设计。

值得一提的是,一些已有的虚拟场景设计中,是使用第三方三维建模工具(如 3DS Max)建立公路等地形物体,再加入场景中覆盖在地形上。也有一些开发人员利用 Unity 3D 中制作公路的专用插件来建立公路模型。经过作者实践验证,发现这两种方法都存在以下 3 个共同的问题。

(1)为了使公路与周围地形较好地连接,公路与地形距离较近,这会使后期漫游绘制场景中产生闪烁现象(从高空俯瞰地形时更加明显)。

(2)公路周围的绿化效果不方便实现,由于公路是单独的模型,因此不能在上面直接绘制植物,这为后期场景制作带来不便。

(3)公路的修改不方便,一旦模型建立完毕,在场景中几乎无法修改,这不符合后期仿真的要求。

2.2.2 利用高度图绘制统一地形

经过实践探索,采用高度图建立地形,再对高度图进行详细绘制,实现了农场中地形的一致性。除了一些建筑物要单独建模,其他细节都可以利用地形高度变化来实现,如公路、水沟、河床、田埂、田垄、水坝等。这种方法大大提高了场景的建模效率,节约了模型资源,同时为后期的农场仿真操作提供了更多的可能。

这种方法的好处在于地形细节是由统一的地形对象实现的,可以通过程序适时进行调整,例如田垄的起伏、公路的长短等都可以通过程序来动态调整。这种方法带来的问题就是对地形高度图的设计,以及对地表的纹理贴图要求较高,必须进行专门的处理。利用高度图进行地形细节的绘制,其原理是利用 Unity 3D 导入/导出高度图的功能来实现的,在此之前要求对地形细节的常用高度有一个明确的规划。在 Unity 3D 中支持 8 位和 16 位两种高度图,其中 16 位对电脑的性能要求较高,故一般采用 8 位的灰度图,共 256 个高度级别(0~255)。

本章实现的场景高度共分为 11 个等级,为了保证农场场景中地形细节设计的精度,最小高度差为 0.25 m(田埂高度),这样地形的最高点可以达到 256 × 0.25 m = 64 m。具体地形高度分布见表 2-1。

表 2-1　具体地形高度分布

级别	地形细节名称	高度值/m	灰度值
1	小山	62.00	248
2	公路	22.00	88
3	大棚基座	21.50	86
4	田垄	21.25	85
5	普通地块	21.00	84
6	水田田埂	20.75	83
7	水面	20.50	82
8	水田底	20.25	81
9	路边水沟底	20.00	80
10	河底	19.00	76
11	湖底	0.00	0

地形效果图及高度图,如图 2-4 所示。根据表 2-1 中的规划,利用 Photoshop 等图形处理工具,建立如图 2-4(a)所示的地形效果,最后存储为 RAW 格式,导入 Unity 3D 中生成图 2-4(b)所示的地形高度图。利用 Photoshop 等图形处理工具对高度图进行处理,比直接在 Unity 3D 中使用笔刷直接绘制地形要方便得多。

(a)地形效果 (b)地形高度

图 2－4 地形细节高度图及效果图

2.3 地 貌 制 作

农场地貌一般比较简单，除一般的旱田、水田外，还包括公路、山地、荒丘、河流、湖泊等。这些地貌外观大都可以使用贴图来实现，而河流、湖泊等水系可以使用 Unity 3D 内部的水模型来实现。在这里我们重点讨论地表纹理及植物的建模方法。

2.3.1 地表纹理绘制

农场的地表贴图可以分为土地、山地、山石、公路、草地、石材铺装等，这些纹理贴图不仅要求可以用于实现平铺效果的无缝贴图，还要求对纹理的大小与边界进行特别处理。要满足 Unity 3D 中的地形贴图原理，各个不同的贴图之间都会存在一个过渡区，为了使这部分区域很好地衔接，要对贴图边缘进行模型处理。另外，由于贴图的 UV 映射效果，当地形的斜坡坡度较大时，不同方向的斜坡纹理要单独进行处理，使其达到正常的贴图大小。地形细节设计及纹理效果如图 2－5 所示。

图 2－5 地形细节设计及纹理效果

为了使公路与路边排水沟之间的连接处过渡自然，应当将公路纹理的边界处理成与排水沟砖块接近的颜色。而排水沟两个不同方向斜面上的砖块贴图要分别进行水平和垂直方向上的缩放处理，使其投影后显示为正常砖块的大小。另外，由于贴图是从地形起点开始平铺的，公路的位置要再进行适当调整，使其地形与纹理同步。因此，只须注意以上几个问题，就可以利用 Terrain 实现各种复杂的地形细节。

2.3.2 农作物建模

在 Unity 3D 中支持“树”和“草”两种植物形式，这两种植物具有随风摆动的效果，自动支持 LOD(levels of detail)技术。其实在实际应用中并不一定是“树”和“草”，可以是其他任何植物，比如各种农作物。两种植物的不同点在于“树”是真正的三维模型，而“草”只是一个实时正对相机的图片，用户可以根据需要进行选择。一般体积较大、仿真中离相机较近的植物使用“树”，其他的植物使用“草”。除非特殊需要，否则对“树”的建模要尽量精减，毕竟一般农作物数量较多，太多的面数会增加显卡的负担。农作物建模如图 2－6 所示，图 2－6(a)显示的玉米是三维模型；图 2－6(b)显示的水稻是十字交叉模型。

(a)玉米三维模型　　(b)水稻十字交叉模型

图 2－6　农作物建模

2.3.3 批量精准种植作物

Unity 3D 内置了不同的笔刷形状，如果场景中只有少量对位置精度要求不高的植物，可以使用 Unity 3D 内置的“刷树”和“刷草”功能来实现。但这种方法无法实现植物在地形上的精确定位和布局，而这种精确定位和布局在农作物的种植仿真中尤为重要。例如，农田中玉米的植株行列间距在农艺上都有明确的要求，但利用 Unity 3D 内置的功能无法快速完成这一操作。如果不使用 Unity 3D 内置的“树”而使用自定义模型的方法，直接将“树”放入场景中，可以利用对象的位置实现各个植物的精确定位，但这意味着放弃了 Unity 3D 内置“树”的风吹效果和优化效果。为此，有必要研发 Unity 3D 内置“树”的批量精准定位算法。

通过分析 Unity 3D 的内部技术文档，定义了如下几类来实现这个算法，批量精准定位种植物植物算法 ER 关系如图 2－7 所示。

算法共包含两个应用程序类：PlantScript 和 AttachedPlantScript，二者都运行于编辑模型下，分别对应两个编辑器界面类，PlantEditor 和 AttachedPlantEditor 为其提供编辑器外观。

PlantScript 为主应用类，将其附加于 Terrain 对象即可，当激活“New Plant”按键时，将生成“Plant”对象，其自动附加 AttachedPlantScript 代码。Plant 对象在编辑模式下会自动绘制种植参考线，参考线表示所要种植地块的大小和植株行列间距，用户可以在“Inspector”面板上通过 AttachedPlantEditor 编辑器提供的界面实时进行可视修改。满意后单击“FinalizePlant”按钮，激活 FinalizePlant( ) 方法实现批量种植。自定义插件实现规范化种植，如图 2－8 所示。图 2－8(a)为利用自定义插件在设计环境下种植玉米；图 2－8(b)为水稻种植的最终运行效果。

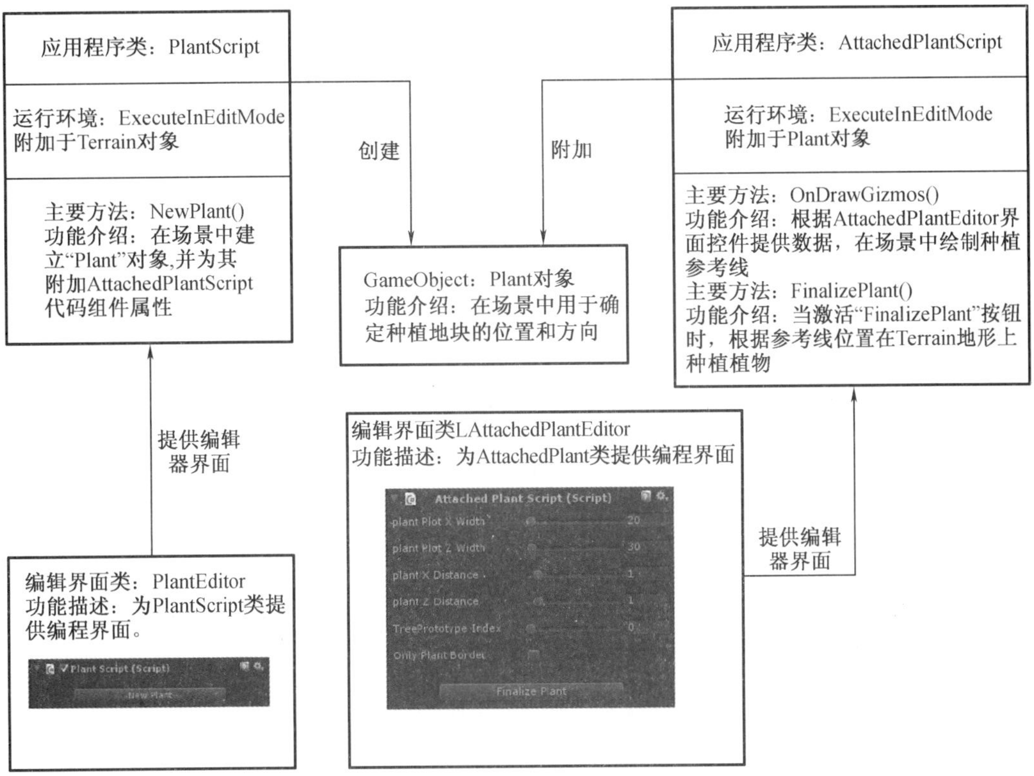

图 2－7　批量精准定位种植植物算法 ER 关系图

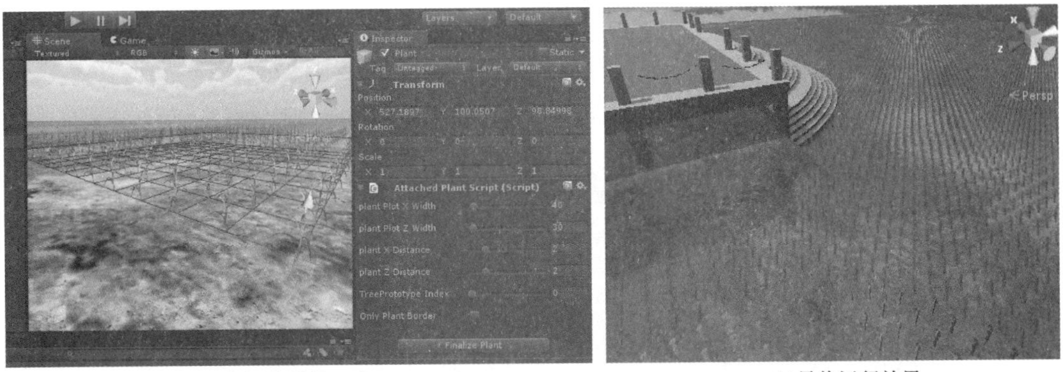

(a)自定义插件种植玉米　　(b)最终运行效果

图 2－8　自定义插件实现规范化种植

2.4 本章小结

通过导入地形轮廓和设计高度图的方法,可以快速建立虚拟农场地形,但必须配合设计合适的纹理图片才能使地形达到较好的仿真效果,特别是结合凹凸着色器设计,可以使效果更加逼真。纹理图片要注意选择合适的解析度,避免图片像素过高造成资源浪费。地形的解析度大小应当根据仿真要求合理进行选择,解析度过小,地形起伏不够平滑;解析度过大,会占用资源太多使仿真不够流畅。对于不同区域细节要求差别较大的场景,可以选择不同解析度的多块地形来拼接实现。编写实用的植物批量精准定位种植算法可以提高植物建模的效率,这个算法可以进一步扩展,例如允许用户自定义区域形状,使种植区域的设计更加灵活。

3　农田作业机械虚拟实验

本章中实现的平台，不仅可以在实验课上进行虚拟实验，也可以用于课件展示。为了使系统发挥更大的作用，在开始前对农机教学相关的各个环境都进行了全面调研。目前，农业机械化专业与虚拟农机实验室相关的课程有“农业机械学”“机械原理”“机械设计”，首先，作者对这三门课程的教学资源进行了调研，主要包括教学大纲、教材、参考书、教案、电子讲义、实验大纲、实验指导书、实验报告等。

3.1　研究路线

1. 技术路线

在农田作业机械虚拟实验之前，首先对整个实验的技术路线进行了分析，如图 3－1 所示。

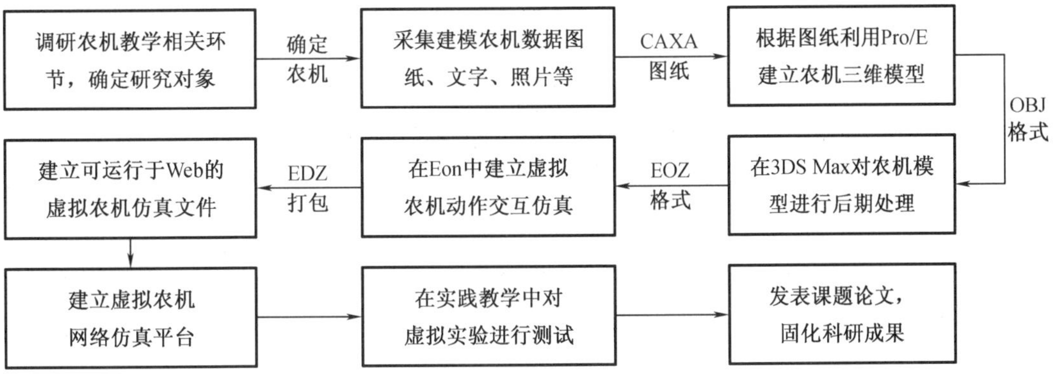

图 3－1　技术路线

2. 实施方案

(1)摸清农机教学的各个实践环节和教学目标。

(2)采集各种常用的农机设备素材及指标数据，利用 CAD、Pro/E 技术进行建模。

(3)利用三维合成技术生成各种农机图形和常用运动形式。

(4)利用虚拟现实技术生成各种常用虚拟农机具。

(5)按照教学环节，利用 Eon 软件建立综合的农机具虚拟仿真实验室。

(6)丰富农机仿真设备数据库，建立农业机械仿真网络平台。

3. 技术难点

(1)农机在 Pro/E 中建立三维模型时，存在个别零件建模困难的问题，特别是一些柔性物体,如种子、软管、化肥、土壤等。

(2)在 Eon 仿真过程中,有一些动作实现困难,如链子的仿真运动、喷雾效果等。

4. 农机分类

首先根据农业农村部农业机械试验鉴定总站提出的“农业机械分类”标准对农机进行了分类,详情如下。

(1)耕整地机械:耕地机械、整地机械。

(2)种植施肥机械:播种机械、育苗机械设备、栽植机械、施肥机械、地膜机械。

(3)田间管理机械:中耕机械、植保机械、修剪机械。

(4)收获机械:谷物收获机械、玉米收获机械、棉麻作物收获机械、果实收获机械、蔬菜收获机械、花卉(茶叶)收获机械、籽粒作物收获机械、根茎作物收获机械、饲料作物收获机械、茎秆收集处理机械。

(5)收获后处理机械:脱粒机械、清选机械、剥壳(去皮)机械、干燥机械、种子加工机械、仓储机械。

(6)农产品初加工机械:碾米机械、磨粉(浆)机械、榨油机械、棉花加工机械(纺织以后不算)、果蔬加工机械、茶叶加工机械、农用搬运机械、运输机械、装卸机械、农用航空器。

(7)排灌机械:水泵、喷灌机械设备、畜牧水产养殖机械、饲料(草)加工机械设备、畜牧饲养机械、畜产品采集加工机械设备、水产养殖机械、动力机械、拖拉机、内燃机、燃油发电机组。

(8)农村可再生能源利用设备:风力设备、水利设备、太阳能设备、生物质能设备、农田基本建设机械、挖掘机械、平地机械、清淤机械、设施农业设备、日光温室设施设备、塑料大棚设施设备、连栋温室设施设备、生物质能设备。

(9)其他机械:废弃物处理设备、包装机械、牵引机械。

(10)相对于田间作业机械,其他机械专业学生可以更为方便地在实验室内进行实物组装和操作,所以该研究仅限于需要在农田中才能观察的田间作业机械。因其只作为试点平台开发,不可能包括全部机械,故按照实验大纲和实验指导书的要求,确定了虚拟仿真的机械。机械以播种机为主,主要有单体播种机、多行(7 行)播种机、免耕播种机等,另外还包括撒肥机、移栽机和农膜覆盖机等。

3.2 农机的三维建模

3.2.1 Pro/E 下建模的方法

Pro/E 是很方便的机械建模软件,用户可以利用参数方便地进行修改。在建模过程中,主要利用 CAXA 或 AutoCAD 打开平面图纸,参考三视图及数据标识在 Pro/E 中建立各个农机零件。这里要求建模人员要对机械制图知识有一定的了解,同时还要有较强的三维观察能力和想象能力。由于建模人员无农机专业背景,在开始建模时遇到了很多困难,经过聆听多次讲解及现场参观才逐渐建立起机械建模的一套理念,因此从事三维建模的计算机工作者，同时需要掌握其他学科的专业知识，这也是目前虚拟现实制作的瓶颈之一。

除了基本的建模操作之外，本示例并非从事真正的机械虚拟设计，所完成的作品也并非用于机械加工，而是用于虚拟现实仿真，因此在研发过程中发现在建模阶段有以下几点注意事项。

1. 图纸中的特殊标识处理

在工程制作设计中，有很多机械制造过程中需要用到的标识符号，如材料硬度、密度、质量。这些标识符号在机械加工中很重要，而在项目建模过程中却用不上，所以这类标识符号不予处理。至于这方面的仿真到制作，后期在软件 3DS Max 中可以利用材料等手段实现。

2. 零件轴心的特别要求

在机械建模时，规则的零件我们一般以其几何中心对准坐标中心，而非规则零件以一个端点对准坐标中心。这对于机械设计本身无关紧要，因为在装配 ASM 文件时，都是以边、面、轴、点等作为参考。但在虚拟仿真中则不同，一个零件如果在运动中可以旋转，那么要将其旋转轴对准一个坐标轴。如图 3－2 所示，一个传动杆件，在传动中将以 Y 轴为中心旋转，为了在后期的仿真运动中可以精准地找到旋转中心，一定要将旋转轴放在某一个坐标轴上，否则会给后期处理带来麻烦。

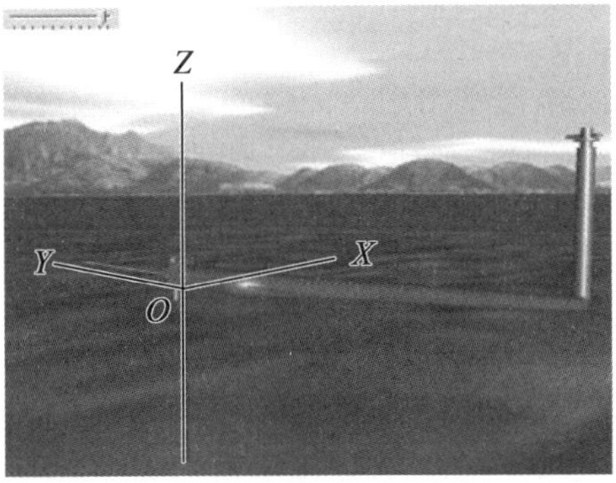

图 3－2　自定义插件实现规范化种植

3. 螺纹的建模

由于螺纹在机械加工过程中有专门的技术规范，因此一般在设计过程中，不需要专门的实现螺纹，而是采用修饰螺纹的方式来简单表示。这点在机械加工中是可以的，但是在虚拟仿真过程中，由于用户看不到真正的螺纹效果，因此仿真效果就差很多。特别是在机械原理中，可能要专门的观察螺纹的结构，所以我们要用特别的方法去进行处理。首先要掌握螺纹的各种参数，如螺距、大径、小径等，再利用旋转扫描进行实现。在实现过程中，由于 Pro/E 自身功能的一些原因，有时处理不当容易出现螺旋扫描失败的现象，因此要注意扫描的剖面和轨迹的调整。图 3－3 为螺纹效果图。

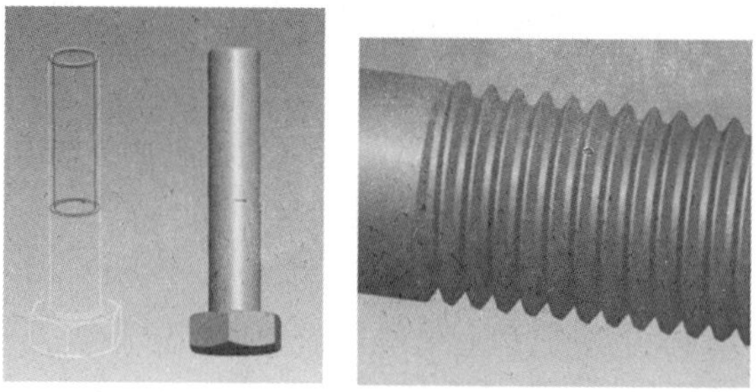

(a)标准修饰螺纹　　(b)仿真螺纹

图 3-3　螺纹效果图

4. 焊接件的特别处理

在农业机械中会必不可少地出现焊接件。在设计中一般是一个一个零件单独做出来，然后再焊合在一起，焊合处会经过打磨，表面很光滑。在虚拟仿真的机械中，如果按正常的方法进行组合，在连接处将会因为零件的棱角不可避免地出现很小的缝隙，这显然与真正的农机外观不符。为了解决这个问题，在制作过程中，如果不是专门为了展示这个零件的焊合过程，建议将这些零件进行合并处理，利用一个零件直接进行建模。这样做的效果很好，也可以减少组装的工作量，同时可以节约仿真时的显存资源。

5. 链轮的制作

链轮在农业机械中有很多，有些给出了完整的参数和尺寸，但也有些只是给出了工程参数，没有参考图形。例如有的只标记利用 3R 一线方式建立，给出一些通用参数。为了这种链轮的建模自动化，研究团队制作了专用的 Excel 计算公式，将其运用在实际建模中。Excel 计算公式见表 3-1。

表 3-1　Excel 计算公式

单位：mm

节距	15.875
齿数	13.000
滚子直径	10.160
弧度/(°)	0.01745
齿沟圆半径 r_1	5.155
齿沟半角 $a/2$	50.385
O_2 到 O_1 的垂直距离	4.055
工作段圆弧中心角	13.692
齿形半角	12.077
工作段直线长	1.062862
齿顶圆弧半径	7.580
齿形中心半角	13.846
分度圆弧弦齿高	4.286

图 3－4 为播种机传动链轮。

图 3－4 播种机传动链轮

6. 组装的定位要求

当 Pro/E 建立组件文件 ASM 时，第一个导入的零件一定是比较大的、可以确定位置的零件，然后选择默认组装，这样可以使模型与坐标系统对齐。特别是在整个机械的整机组装中，如果选择不当，可能会使模型在仿真环境中发生倾斜。由于运动仿真要在虚拟现实环境中实现，而不是在 Pro/E 中做运动分析，因此不必加入特别的运动约束，只要按照位置对齐即可。

3.2.2 导入到 3DS Max

1. 导入格式的选择

利用 Pro/E 组装完成的农机模型，只具有三维外观，还要导入 3DS Max 中进行处理。在 3DS Max 与 Pro/E 之间可以转换的格式很多，如 STP、VRML、IEGS、OBJ 等。经过多次试验，最终选择了 OBJ 格式，原因是它可以很好地保持 Pro/E 中各个零件的独立性和完整性，而且速度很快。首先，在 Pro/E 中打开已经组装好的农机模型，选择保存副本，选择 OBJ 格式，在导出选项中选择全部；然后，选择一个参考面，这样可以防止出现"破面"现象；最后将弦高的值设置为最小，这样可以保证模型的光滑细腻。

当 3DS Max 导入 OBJ 文件时，要首先设置好环境的长度单位，这是因为虚拟现实环境有这样的要求，将单位设置为米制。在导入选项中，去除统一法线选项，以保证曲面的完整可见。选中中心轴选项，这样可以使每个零件保持独立的坐标中心，这也是要将 OBJ 文件导入到 3DS Max 中，而不是直接将其导入到 Eon Studio 的原因之一（Eon Studio 中无法兼容 OBJ 文件的独立坐标）。

导入后要进行常规设置，如将整个模型与坐标中心对齐，查看零件尺寸是否与 Pro/E 中显示一致等。有时由于不同软件中的长度单位不一致，导入后可能会发生尺寸变化，这个可以放置到 3DS Max 软件中利用世界坐标来进行处理，使其长度与实际一致，便于后期虚拟仿真的需要。

2. 材质的设置

为了有一个好的仿真效果，将零件设置成不同材质是必要的，如图 3－5 所示的免耕播种机,零件很多,但观察起来很清晰。有时一些特别物体,如种子、化肥等,需要制作特别的贴图才能实现。这里要注意一些多次出现的小零件,如国标件螺栓、螺母等,最好在 Pro/E 中进行零件单个设置,这样所有零件都自动显示同一个材质,可以减少在 3DS Max 中的重复劳动。

图 3-5 免耕播种机

3. 重命名及成组

利用 OBJ 格式导入的零件,在 Pro/E 中设置的名字都已经被流水号所代替,为了在虚拟环境中方便设置,在 3DS Max 中应当对一些重要部件进行重新命名,使其具有较好的可读性。对于在仿真中相对位置不会发生变化的零件进行成组处理。值得注意的是,这里不论是单个零件还是组,名字都不能使用中文,建议使用拼音缩写,注意名称的唯一性。有些物体成组后轴心会发生变化,要参考原有零件进行移动轴心处理。

4. 利用 Eon Raptor 导出到 Eon Studio

利用 3DS Max 下的 Eon Raptor 插件可以将 3D 模型转换为 Eon Studio 下使用的 Eoz 文件,导出时要注意选择 Inspect 观察方式。这个插件功能强大,可以利用节点表示每个零件,而成组的零件都放在一个大的节点下面。为了在 Eon Raptor 插件中便于查看结点,在导出前,将所有零件打一个大的组,这样在 Eon Raptor 插件中整个农业机械在 Sence 节点,只设一个节点,零件都在该结点下。

3.3 虚拟环境运行仿真

3.3.1 基本交互操作

在 Eon Studio 中打开 3DS Max 中导出的 Eoz 文件,如果机器位置不理想,可以利用 KeyMove 节点及 3D Pointer B 配合进行定位和旋转。为便于观察,一般农业机械位于 Z 轴的正平面上,加入 Panorama 全景节点导入三维背景,要注意默认的安装中没有全景节点所用的图片素材,可以下载后安装。

1. 单击控制

单击是虚拟仿真交互中用得比较多的操作，在 Eon Raptor 插件中可以利用 ClickSensor 节点来完成单击事件，可以将它放在要被单击的对象下面，然后利用 OnkeyDownTrue 输出域连接要执行的操作。

2. 文字标签

2D text 文字标签节点可以实现在画面上显示文字的效果，一般将它放在 Camera 下面，使它永远面对用户不动。它可以完成一些说明信息或控制的标签信息。

3. 材质透明处理

为了能够让用户方便地观察一些机械的内部结构，经常要将外部的部件变得透明。要实现这个功能，就要利用 Slider 滑竿控件或单击事件来对外壳物体的材质透明度 Opacity 进行设置。

3.3.2 基本变换操作

1. Roatate 节点

Roatate 节点可以实现父节点的旋转，可以利用 2D pointer B 坐标节点来确定当前物体的坐标，从而决定旋转方向，方向的正负由左手定则来实现。需要注意的是，当父节点在 HRP 方向上有旋转时，旋转轴会出错，解决办法是将父节点放在另外的节点下面，对上级节点进行旋转操作。

值得说明的是，当一个节点的 HPR 全为 0 时，也就是在某个方向上有旋转时，如果在该节点下有 Roatate 节点，在旋转时会出现旋转轴的识别错误，这应该是 Eon Raptor 插件的 Bug。其解决方法是在该结点下加一个新节点，将该结点的其他子节点全部移到新节点下，然后在新节点下加入 Rotate 节点，则旋转正常。

2. 改变物体的轴坐标

可以将物体放在一个结点下的子结点中，通过改变子结点的相对坐标使物体相对父结点移动，运动或旋转时以父结点作为移动目标。在具体操作时，可加入坐标结点，利用 Keymove 参考移动。

Pro/E 导入到 Eon Raptor 插件中，可使用 Slp 格式，采用零件隐藏的办法，将一个刚体导出，导出时注意将弦高的值设置得小一些，不然会粗糙。刚体导入时选择导入轴结点，可以加入当前零件原来的坐标原点在总图中的坐标，这样可以通过偏移的方法来改变子物体的轴坐标。

3. 平移操作

Rotate 只能使物体转或不转，若要使其转动一个角度或在一个位置平稳，可以通过 Place 节点来完成。一般为了使物体能够还原，需要设置两个 Place 分别实现变换和恢复。很多时候为了处理方便，要用到 Latch 开关节点，或利用 Script 编程实现特别操作。

3.3.3 链传动仿真

链传动是一个很复杂的操作，总的来说，就是利用 Script 脚本节点进行编程处理。首先利用 Pro/E 将链子的各个节点的位置利用线条草绘出来，再将链节进行组装。在 Eon 中将各个链节的坐标导出到 Excel 中。为了使运动更加逼真生动,在各个相邻节点之间可以进行位置和角度的插值补偿。例如在图 3－6 所示的撒肥机中,链子一共是 72 节,而插值后的数组中共有 720 个元素,保证了平移和旋转变换的连续性。

图 3－6 撒肥机

以下为位置和角度定义数据的部分代码。

```
var lzPos =[], lzOri =[],cur =0,jg =1;
function initialize()
{
  //noclick.value =true;
lzPos[0] =eon.MakeSFVec3f( -0.1316,0, -0.0988);
lzPos[1] =eon.MakeSFVec3f( -0.1331,0, -0.0994);
lzPos[2] =eon.MakeSFVec3f( -0.1346,0, -0.1);
lzPos[3] =eon.MakeSFVec3f( -0.1361,0, -0.1006);
.....
lzOri[0] =eon.MakeSFVec3f(0,0,0);
lzOri[1] =eon.MakeSFVec3f(0,0, -1);
lzOri[2] =eon.MakeSFVec3f(0,0, -2);
lzOri[3] =eon.MakeSFVec3f(0,0, -4);
}
```

以下为链子运动及试调整代码

```
function On_speedQianyin()
{
  s =speedQianyin.value;
  speedLun.value =11 -s/10;
  speedZhuichilun.value =speedLun.value/30 *13;
  speedDapan.value =speedZhuichilun.value/9 *5;
/ jg =Math.floor(s/30) +1;


}
function On_LianziMove()
```

```
{
 lzj = eon.findnode("LianZi").GetFieldByName("TreeChildren");
 cur + = jg;
 if(cur >720)cur = 0;

 for(i = 0;i <72;i + +)
 {
   index = i * 10 + cur - Math.floor((i * 10 + cur)/720) * 720;
   lzj.GetMFElement(i).GetFieldByName("Position").value = lzPos[index];
   lzj.GetMFElement(i).GetFieldByName("Orientation").value = lzOri[index];
 }
}
```

3.3.4 Script 脚本节点

利用 Script 脚本节点可以实现其他节点不能完成的复杂操作,其使仿真程序变得很强大。其强大的原因主要是使用自定义 Script 节点的输入输出域作为与其他节点连接的接口,在 Script 中利用 JS 编程实现各种功能。

使用 Script 脚本节点时,访问一个节点,可以使用 eon. findnode("节点名");访问一个节点的一个属性值,可以使用 eon. findnode("节点名"). GetFieldByName("属性名"). value。

改变节点坐标 p = subnode. GetFieldByName("Position"). value. toArray();

NewPos = eon. MakeSFVec3f(p[0], p[1], p[2] +2);

在 Script 脚本节点中增加功能,可以增加域,使用 On_keyname()函数实现功能,其中 keyname 为域名。

3.4 本章小结

考虑农业机械涉及面很广,本章主要研究农田作业机械的一个方面。在农田机械方面有所突破后再扩展到其他农机设备。本章所总结的技术方法可以很容易地应用到农业教学的其他领域。如在动物、植物虚实仿真的教学中,具有较强的推广价值。

4 撒肥机虚拟仿真

我国是一个农业大国，农业的快速、稳定发展关系着国家的稳定和国民经济的发展。传统农业主要以家庭为单位，依靠个人和一些简易器具（如犁、耙等）完成农业生产活动，具有生产效率低、农作物品质不能保证等缺点，尤其黑龙江垦区，农田面积大，在农忙时节，大量使用人力完成耙地、插秧等农业生产活动既不科学也不现实，必须使用相应的农机具。如今，农业生产向机械化、信息化方向发展，农业机械的广泛使用可以极大地提高农作物的播种与收获等农业活动的效率，是十分重要的农业生产工具，因此农业机械的设计、制造与试验等环节至关重要。

传统机械设计的每个环节都需要设计者手工完成。具体来讲，在现有机械的一些数据基础上，凭借直接或间接的经验，要确定设计方案，绘制图纸，图纸中的数据通过查表、复杂的推理演算或者类比分析得出，并要在设计过程中不断检验数据，最终完成机械的设计。由于设计数据不能被广泛共享，因此设计人员将大部分时间和精力都投入到了烦琐的数值计算和繁重的绘图工作中，延长了机械的更新周期。我国幅员辽阔，地形地貌复杂，农作物的耕种环境复杂，导致了农机的种类复杂、型号多样。当农机设计出来后，田间试验是必须的，但是田间试验常常受场地、季节等自然因素的制约，需要投入大量的检测设备，试验团队需要花费大量的试验费用。

针对上述问题，虚拟现实技术提供了一种比较好的解决方法，并且给农业生产领域带来了方法和观念上的变革。使用虚拟现实技术，可以在农机真正制造出来之前，在虚拟场景里对农机进行虚拟装配、田间作业、爬坡及行走姿态测试，如果出现问题，则可以在农机的三维模型上修改参数、更改模型，产品的反复设计、测试都照此进行，这样大大缩短了农机设计生产的周期，降低了农机的生产成本。虚拟现实技术可以应用到农机展示和仿真作业领域中，应用 3DS Max 软件，根据撒肥机的电子图纸建立三维模型，使用 Unity 3D 软件构建虚拟场景，设置物理环境，编写相关算法，在虚拟场景中对撒肥机的零件进行装配、拆分和传动模拟，以及田间作业撒肥模拟；使用图形用户接口，将撒肥机工作时的相关工况信息实时显示在仿真系统的界面上，导航地图实时显示机器的工作位置，最终完成仿真平台的搭建，推进农场的信息化进程。

4.1　系统总体设计

4.1.1　研发流程

1. 系统研发流程

本系统整体实现总共分为五个阶段。

第一阶段是资料搜集,这一阶段包括搜集农机的数据资料和农场的地理信息资料,如农机的电子图纸、农场的地块信息、农田信息和地形信息等,确定仿真的农场区域。同时,到农场实地考察,拍摄照片、拷贝农机具图纸等资料。

第二阶段是根据所获资料,构建虚拟农场,建立撒肥机等农机三维模型。

第三阶段是在 Unity 3D 中,通过编写相关算法实现农机的工况模拟和交互功能,达到人机和谐沟通的目的。

第四阶段是结合 Web 网页技术实现虚拟网络交互平台功能。

第五阶段是对平台进行测试,确保平台可以稳定、流畅地运行。系统研发流程如图 4－1 所示。

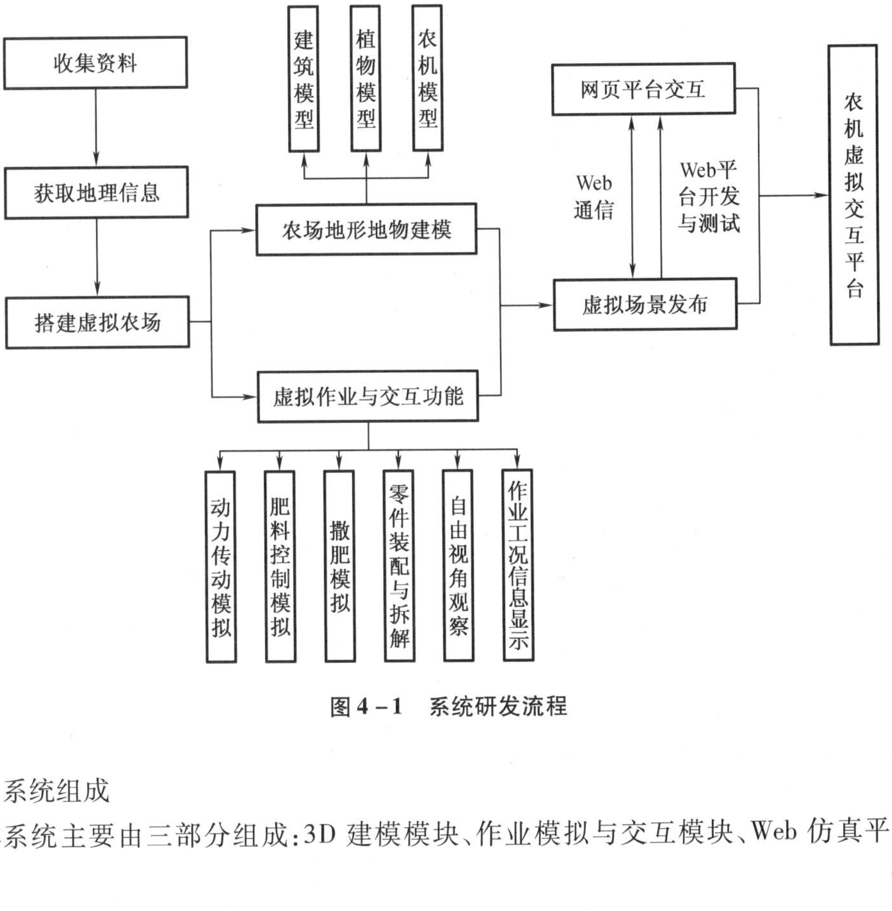

图 4－1　系统研发流程

2. 系统组成

本系统主要由三部分组成:3D 建模模块、作业模拟与交互模块、Web 仿真平台。图

4－2 为系统组成部分。

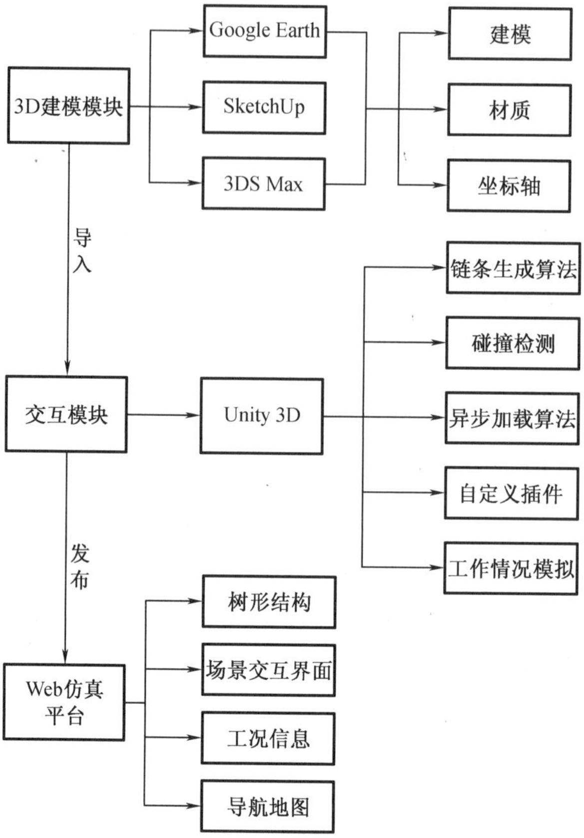

图 4－2　系统组成部分

(1)3D 建模模块是指农机的三维模型和虚拟农场的地形地物建模。其中涉及多款软件结合使用,最终都转换为.FBX 格式导入至 Unity 3D 软件中,使用软件的物理引擎功能模拟真实的物理效果。

(2)交互模块是将建立好的农机模型放置在虚拟场景中工作,模拟整个工作的过程,编写相关算法提高系统性能并实现人机交互的功能。用户可以通过计算机外接设备如键盘、鼠标、手柄等与虚拟场景建立连接,观察农机的机械零件,了解机器的传动原理,调整农机的行进速度,还可以通过屏幕反馈的信息为农机的设计改进和农机的生产调度提供依据。

(3)Web 仿真平台的优点在于它的灵活性。Web 网页格式的虚拟仿真平台由静态网页＋数据包组成,通过网页插件调用传参函数实现前后台的通信,方便灵活,开发者可以修改前台布局,通过树形结构展示农机的每个零件,实现树形结构的动态生成。农机种类、型号多样,当有新的农机添加至本系统时,只需要修改存储农机结构的 XML 文档,对应农机零部件树形结构就会动态生成。系统中实现的传动原理也可移植到其他农机上,突出系统的平台性。Web 格式的平台,可挂载在现有的农业信息网站上,也可在本地网络中运行,便于推广。

4.1.2 系统功能需求

1. 物理模拟

在搭建农机虚拟仿真平台时，虚拟场景的物理效果至关重要，Unity 3D 内置物理引擎可以很好地模拟真实三维环境中的重力、碰撞、摩擦阻力、速度变化等效果，为仿真的准确性提供保证。

2. 交互控制功能

(1)零件透视功能。使用鼠标点击事件，获取鼠标点击到的模型对象，改变所点模型的透明度。

(2)提供碰撞检测功能。农机在田间模拟作业时，遇到地面不平时，机器的姿态会发生变化，这是因为车轮的碰撞器与地面发生力的作用，使模拟效果更加真实。

(3)农机零件的拆解与合并。设计零件的拆解模式与合并模式，在拆解模式下，用户可以移动零件的位置，将所有零件进行拆解，观察结构组成，若出现操作失误，可以回到合并模式，机器恢复原状。

(4)用户可以使用平台提供的交互界面对机器的工作状态进行调控，如行走的速度、是否撒肥等。

(5)自由视角功能。场景中的界面由摄像机组件反馈而来，编写摄像机控制程序，用户可根据需要任意调整视角。

3. 多平台

Unity 3D 软件是一款集成化的开发工具，软件的发布工具支持多平台，即系统的主要功能实现之后，开发者可以发布多种格式以满足不同的运行环境和功能需求，本系统最终发布为 Web 格式。发布为 Web 格式后，根据 WebPlayer 插件中的传参函数可进行前台与后台之间的数据传递，加入模式切换菜单和零件树形结构导航菜单后，最终完成仿真平台的搭建。

4.2 虚拟仿真环境的构建

4.2.1 虚拟环境主要技术指标

虚拟仿真环境的构建对撒肥机的运动仿真有着十分重要的影响。构建虚拟仿真环境所需的地理信息数据均来源于实际的三维源数据。

1. 自然条件模拟

农场的地理位置及地形，主要包括作业区的经纬度、海拔高度及相关自然地理特征；农田的大小、种类，分布情况，地块的起伏，地垄；所栽种作物的种类，作物的种植结构，以及作物如何分布等。

2. 生产条件模拟

农田里水利工程的现状，主要包括引水情况、蓄水情况、水渠的分布和走向、农田规划及现状；还包括农场农田规划，公路、树林、绿化带等布置情况。

3. 社会经济状况模拟

该模拟主要包括农场场部的行政区、家属区；设备房、温室大棚（浸种催芽玻璃温室大棚）等。

综上所述，虚拟农场环境主要有地块、农田种类、水渠、作物、与生产相关的建筑等信息。虚拟农场地形地物见表4－1。

表4－1 虚拟农场地形地物表

<table>
<tr><th>序号</th><th>分项</th><th colspan="2">内容</th></tr>
<tr><td>1</td><td>地块</td><td>位置、大小、地形起伏</td><td>地形图：参照平面布置图，包括地块周边尺寸、地面坡降、地面附着物、构筑物、位置</td></tr>
<tr><td>2</td><td>农田种类</td><td colspan="2">旱田、水田</td></tr>
<tr><td>3</td><td>水渠</td><td colspan="2">水位、宽度、走向</td></tr>
<tr><td>4</td><td>作物</td><td colspan="2">作物种类、种植方向、株行距</td></tr>
<tr><td rowspan="2">5</td><td rowspan="2">建筑</td><td>建筑类型</td><td>行政办公、生产相关</td></tr>
<tr><td>建筑信息</td><td>面积、高度、位置、贴图</td></tr>
</table>

注：本书选取的作业区位于黑龙江省虎林市庆丰农场，地势平坦，选取的虚拟农场面积为4 km^2。该作业区水田、旱田均有，主要以水田为主，种植寒地水稻。

4.2.2 农场环境模拟

农田的作业环境会对撒肥机的行走姿态、载荷及撒肥效果等产生影响，所以农场的虚拟环境要根据实际情况按照1:1的比例真实模拟。地形信息的获取主要使用Google Earth和Google SketchUp软件的相关数据，局部细节如地物等模型主要参照农场的农田和建筑分布图及现场照片完成。

4.2.3 地形数据获取

农田的相关地理信息有很多种，常见的有地形图、高度图、GIS高程数据、高空航拍图片、卫星图片、农场厂志记录，以及大量相对应的属性数据，如等高线、水渠、道路、地垄、所种作物等数据。不同的数据类型，其精度、所需费用和使用方法也不同，本研究采用Google公司的两款软件获取地形信息。Google Earth与Google SketchUp这两款软件都由Google公司推出，拥有免费版本，且地理信息精度较高，相互兼容性良好。首先，将SketchUp 7.0专业版软件打开，在文件菜单下选择地理位置；然后点击添加位置，如图4－3所示；最后输入“庆丰农场”，自动打开Google Earth，加载卫星图片及地理信息。在地理信息上选择区域如图4－4所示。

加载完毕后，选择合适的区域，点击“Grab”（抓取）按钮，卫星图片和地理信息就被导入到SketchUp里，如图4－5所示。选择地图显示格式下的Map，勾选Terrain（地形），农场附近的地形起伏就显示出来，同时选中区域的三维信息和卫星图片、贴图，以mesh（网格）格式存储在 SketchUp 软件中，显示的地形如图 4－6 所示，从地形起伏的图片来看，农场地势相对平坦。

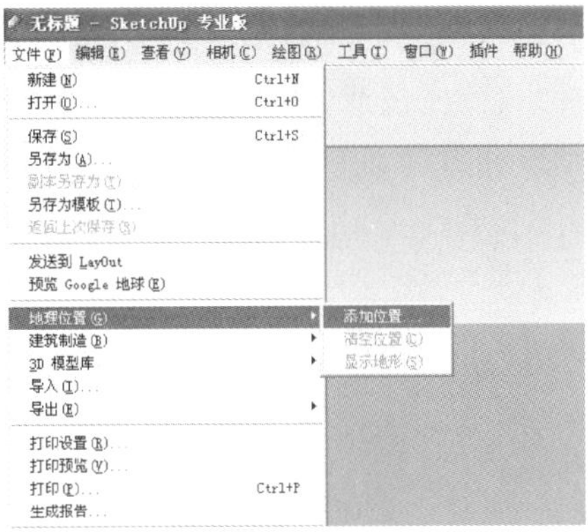

图 4－3　添加位置

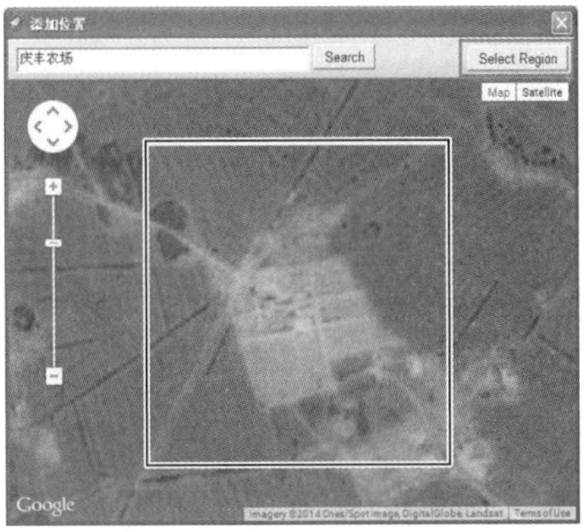

图 4－4　选择区域

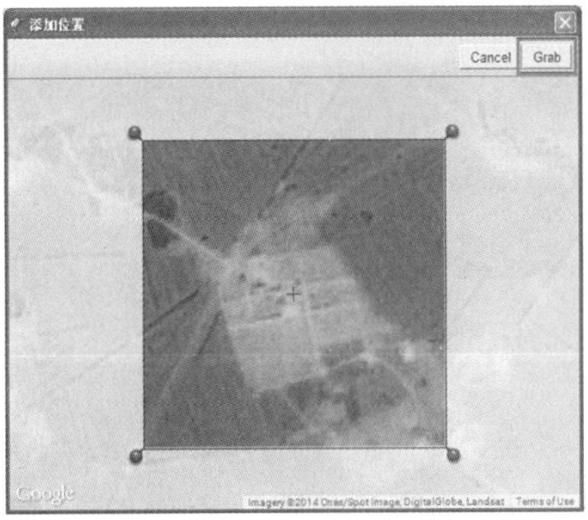

图 4－5　抓取地形数据

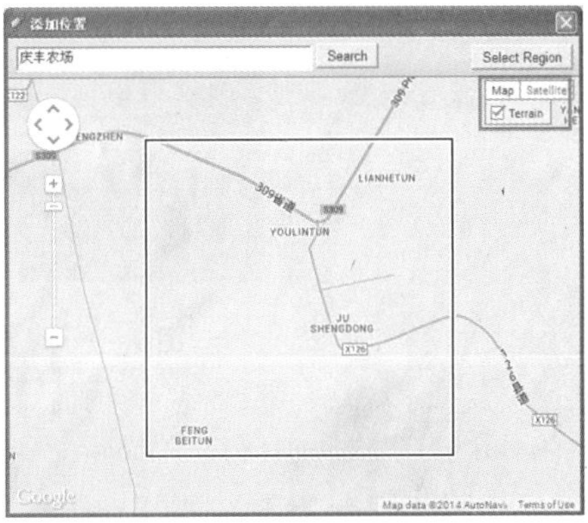

图 4－6　显示的地形

获取地形后，在文件菜单下选择导出，存储为. FBX 格式，将文件直接复制到 Unity 3D 工程文件下，打开 Unity 3D 工程文件后，软件内置的导入器会自动将地形模型导入。

4.2.4　地形数据设定

从 Google Earth 的 GIS 数据可以看出，农场的整个形状为矩形，面积为 4 km^2，农田为中规中矩的格田。在 Unity 3D 软件下，打开项目的工程文件，点击“Terrain”（地形）工具，设置解析度，将地形的长和宽设置为 2 000 m×2 000 m，将高度设置为 64 m。这里之所以将长和宽均设置为 2 000 m，是为了与实际大小吻合；将高度设置为 64 m，即地形的起伏高度为 0～64 m，编辑地形需要用到高度图，高度图采用 8 位色彩填色，即对应 256 位二进制数。每位数字代表 0.25 m，满足地形的精度要求，而且农场地形的起伏很小，64 m 满足地形的高度需求。设置地形解析度的具体参数如图 4－7 所示。

4.2.5　地形构建

在 Unity 3D 软件里，编辑地形主要有两种方法：一种是使用软件内置的地形工具去逐步调整地形的形状和贴图；另外一种是导入渲染好的高度图（灰度图）来匹配生成地形。两种方法各有优势，高度图导入的方法适合创建较大场景，方便快捷，而使用内置地形工具的方法在创建大场景上十分吃力，更适合于完善地形细节和做局部修改，在建立地形时，两种方法可以结合使用以达到最佳的效果。

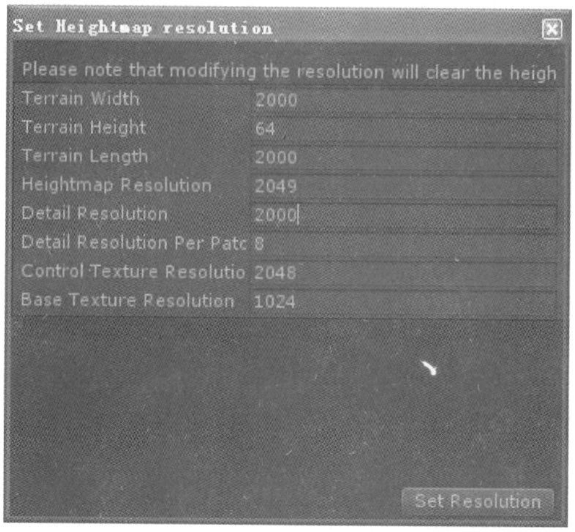

图 4－7　设置地形解析度的具体参数

在 Unity 3D 软件中，将在 Google SketchUp 里生成的地形模型从工程面板中拖拽至场景中，然后使用 Terrain 菜单中的 Export | Heightmap－Raw 将高度图导出，导出的高度图为 .RAW 格式。使用 Photoshop 软件打开的高度图如图 4－8(a)所示。

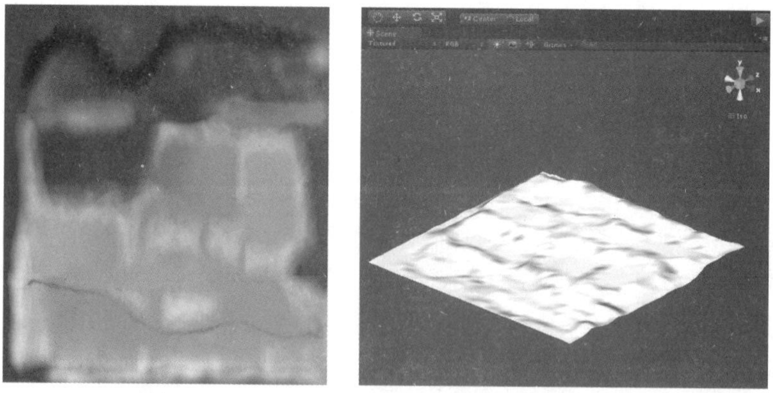

(a)　　(b)

图 4－8　使用 Photoshop 软件打开的高度图

由图 4－8(b)所示，生成的地形除了大小和边界与实际吻合外，地形起伏较为杂乱，需要做展平处理。在 Photoshop 软件中使用颜色拾取工具获取大块的平整颜色，然后根据农场的布局分布图对高度图进行填色处理，图中颜色越浅的地方地势越高，反之，颜色越深的地方地势越低。处理后的最终效果如图 4 - 9 所示，导入后生成的地形如图 4 - 10 所示。

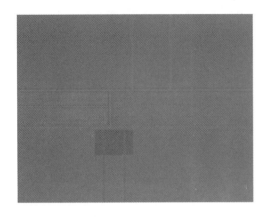

图 4 - 9　最终效果图

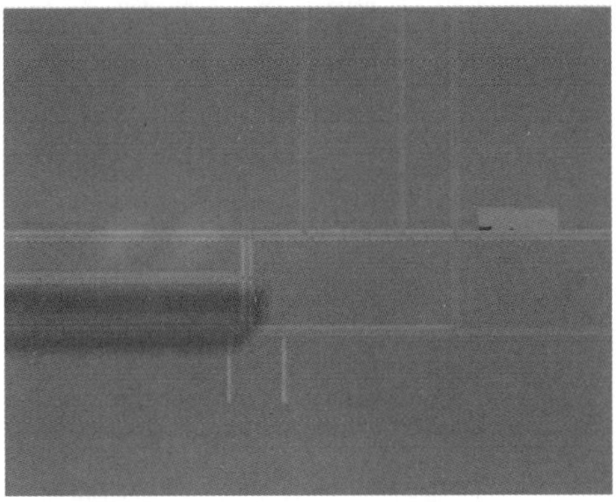

图 4 - 10　生成的地形图

4.2.6　地物的规范布局

在构建的虚拟农场中，水渠、道路的分布和走向是十分重要的地理信息。水渠的分布关系农场水田蓄水的模拟，道路的分布影响机车的行驶路线模拟。农场的水渠深度是 2 m，在创建地形时，将水渠部分的地形下凹 2 m，将路面上凸 0.25 m。下凹后水渠效果如图 4 - 11所示，之所以将道路提高 0.25 m 是便于使用地形纹理工具，将上凸的部分附加上道路的纹理，附加完毕后再将地面展平即可。添加水和地貌的相关纹理后，水渠细节效果如图 4 - 12 所示。

图 4 - 11　水渠效果图

图 4 - 12　水渠细节效果图

农场周围的树木都是沿路而种，笔直整齐且数量庞大，如果使用软件内置的花草树工具将无法完成实际的效果。花草树工具刷可以在规定的范围内随机生成树的模型，但这种方法不能保证数量和具体的分布位置。如果将工具刷的范围调整到最小的 1 m，则需要逐棵栽种，不能保证整齐，且费时费力。Unity 3D 软件可以支持开发者自定义插件，使用编译器编写批量种树的代码,并声明在编辑状态下运行,可实时生效,生效的种树插件参数调整界面如图 4 – 13 所示,其实际的运行效果如图 4 – 14 所示。

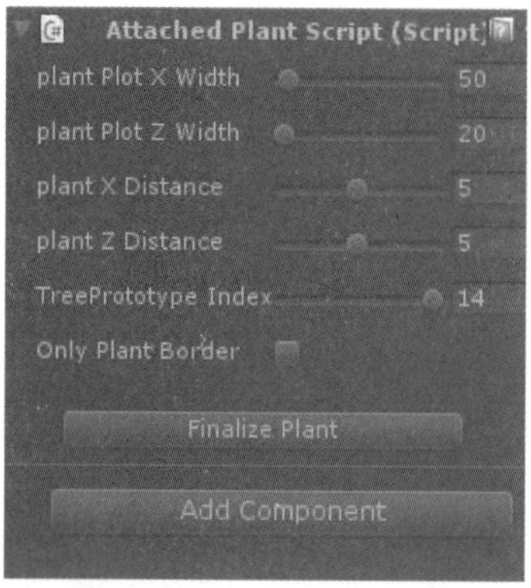

图 4 – 13　种树插件参数调整界面

图 4 – 14　种树插件实际的运行效果图

规范化树种插件可在矩形区域内栽种树木,有以下六个参数可供用户设置。

Plant Plot X Width:此参数可以修改栽种范围的长度。

Plant Plot Z Width:此参数可以修改栽种范围的宽度。

Plant X Distance:此参数控制栽种的长度间隔。

Plant Z Distance:此参数控制栽种的宽度间隔。

TreePrototype Index:此参数用来选择树的模型文件的索引。

Only Plant Border:勾选代表只在矩形区域的边缘种植,不勾选则在整个矩形区域内按照设置好的间距种植。

参数设置完毕后,点击 Finalize Plant 按钮,系统会在选定的区域内按照设定的间距将树的模型实例放置在场景中。此插件不仅可以种树,还可以规范种植农作物,如水稻、玉米等。在场景中,一些有规律放置的三维模型都可利用此插件去实例生成,水渠、道路、树木的最终效果如图 4 – 15 所示。

图 4 – 15　水渠、道路、树木的最终效果图

4.3 撒肥机三维建模

撒肥机是本章的重点研究对象,撒肥机三维模型的精度直接影响运动仿真的结果。所以,撒肥机的三维模型要严格按照电子图纸 1:1 建模。

4.3.1 三维建模标准

本章中,无论是 Pro/E,还是 3DS Max 创建的三维模型最终都要在虚拟场景中实时加载与显示,因此要兼顾三维模型的真实程度与实时数据处理效率之间的关系。由于虚拟场景中模型的优化会直接影响系统的运行速度,因此虚拟场景中模型的优化应在创建场景阶段就要注意。为了避免增加系统的负荷,在三维建模过程中应遵循以下几条原则。

(1)使用多边形建模法为佳。在建立三维模型时,选择模型对象,右键单击,选择转换为可编辑多边形。转换完毕后,可以使用多边形建模模式下的挤出、车削等多个工具,加快建模的速度。

(2)模型细节的面数分配要合理。平直结构要使用较少的网格分段,弯曲结构可多分些,主体模型和主要表现场景可以适当增加细节。

(3)尽量减少模型上不必要的点。3DS Max 和 Unity 3D 的构图原理不同,在 3DS Max 软件中,模型是以四角面存在的,当模型导入 Unity 3D 软件中时,由于显卡实时渲染的需要,模型上所有的点都会被连接,成为三角面,如果建模时遗留了很多不必要的点,会在模型导入后徒增很多面,影响系统的运行速度。

(4)简模、精模结合使用,模型数量不要过多,尽量用面片的形式表达复杂的造型。农机模型建立精模,配景地物模型以简模为佳。在建立地物模型时,尽量不要对细长条物体建模,因为这不仅增加场景中的模型数量,而且在渲染时会出现锯齿和闪烁现象。使用贴图方式不仅可以表现出模型的逼真度,还可以提高系统的运行速度。

(5)保持模型面与面之间的距离。如果物体相邻面贴得太近,会在交汇处产生多余的面,并且会出现两个面交替闪烁的现象,进而增加模型的面数。所以,模型与模型之间不允许存在共面、漏面和反面的情况。

(6)使用打组工具。当模型的子物体较多,而子物体又有相互独立的特征,不应附加合并时,最好将相关的子物体打组,全部选中后,点击菜单栏的 Group 工具。在打组完毕后,建模工具会自动生成一个虚拟的父级物体,导入 Unity 3D 软件内时,父子关系将被保存,这十分便于开发者对场景对象进行管理。

4.3.2 撒肥机整机结构

根据电子图纸,2FL - Ⅰ型撒肥机主要由地轮机构、机架、支架、肥料箱等结构构成,其整机结构如图 4 - 16 所示。

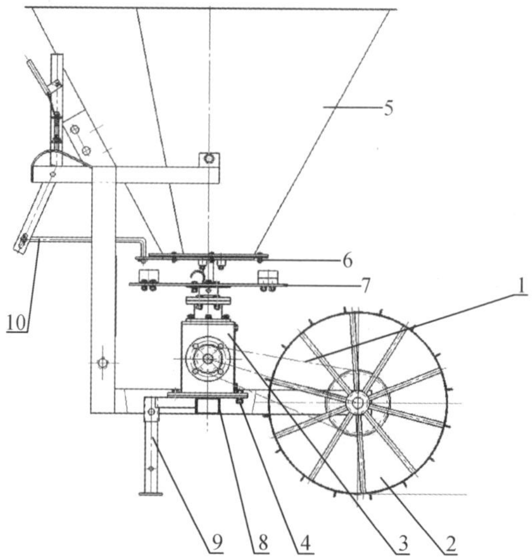

1—链轮机构;2—地轮机构;3—齿轮箱;4—齿轮箱底盘;5—肥料箱;6—肥料箱阀门;
7—撒肥盘;8—机架;9—支架;10—撒肥箱开关传动轴。

图 4-16　2FL-Ⅰ型撒肥机整机结构

4.3.3　撒肥机零件建模

在撒肥机建模中,将 Pro/E 和 3DS Max 两款软件结合使用。Pro/E 是一款用于机械建模的软件,主要建立齿轮、链条等在 3DS Max 下不易完成的模型;3DS Max 是现今主流的三维建模软件,主要建立剩余部分的模型,以及进行调整坐标轴、附加材质、缩放比例因子和转换格式等操作。本例以撒肥机的齿轮和撒肥箱的建模为例,阐述建模过程。Pro/E 下齿轮三维建模的主要步骤如下。

(1)打开撒肥机电子图纸,选择要建模的零件部分,齿轮电子图纸如图 4-17 所示。

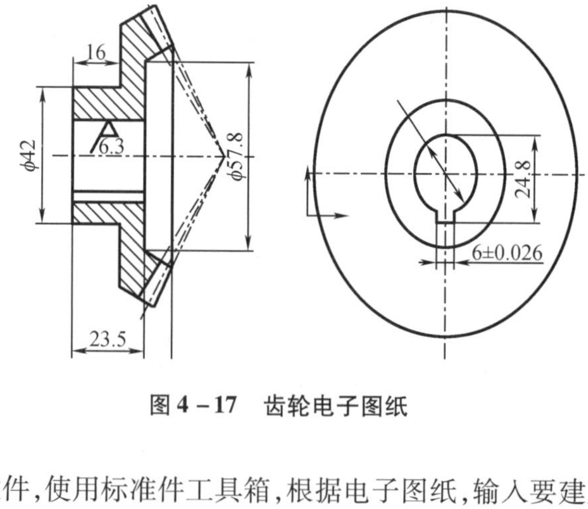

图 4-17　齿轮电子图纸

(2)打开 Pro/E 软件,使用标准件工具箱,根据电子图纸,输入要建立齿轮的参数,如齿数、齿距、分度圆直径、基圆直径等参数。

(3)点击确定按钮,直接生成模型,另存为.3DX 格式。

(4)打开 3DS Max 软件,导入.3DX 格式的文件,调整坐标轴,使其居中至对象,然后另存为.FBX 格式。主动轮和从动轮模型如图 4-18 所示;锥齿轮模型如图 4-19 所示。

图 4-18 主动轮和从动轮模型

图 4-19 锥齿轮模型

3DS Max 下撒肥箱三维建模的主要步骤如下。

(1)打开撒肥机电子图纸,选择要建模的零件部分,如图 4-20 所示。

(2)打开 3DS Max 软件,设置单位为“米”,导入电子图纸,选中图纸后,单击鼠标右键,转换为可编辑多边形,图形会自动封闭。

(3)在封闭的图形下,选择“面”元素,使用“挤出”命令,将图形根据图纸的高度挤出。

(4)挤出完毕后,在撒肥箱的顶部选择“面”元素,缩放当前面,最终形成锥形的撒肥箱,如图 4-21 所示。

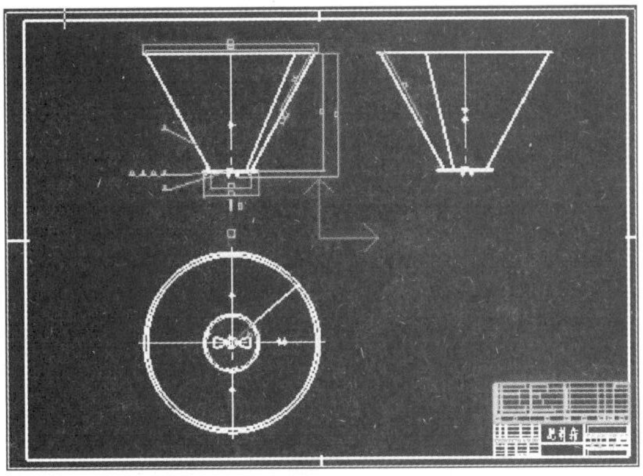

图 4-20 撒肥箱电子图纸

图 4-21 撒肥箱

(5)调整坐标轴,使轴居中至对象,然后另存为.FBX 格式。

(6)根据上述建模方法,将撒肥机的各个部件建立完成后装配在一起,最终的撒肥机整机仿真模型如图 4-22 所示。

图 4-22　撒肥机整机仿真模型

4.4　农场建筑及作物建模

4.4.1　农场建筑建模

农场除了大片农田的作业区外，还有厂部的办公区域和相关的生产建筑，主要有行政楼、浸种催芽玻璃大棚、农机中心和谷物晒场。由于农场的相关建筑建立较早，没有电子图纸，只有纸介质的图纸，因此建筑模型主要依据实地照片和农场建筑分布平面图为参照。超级大棚布局如图 4-23 所示；农机中心平面如图 4-24 所示。

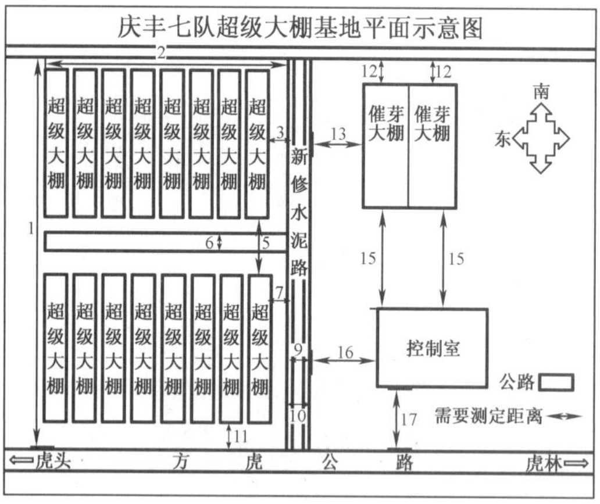

图 4-23　超级大棚布局图

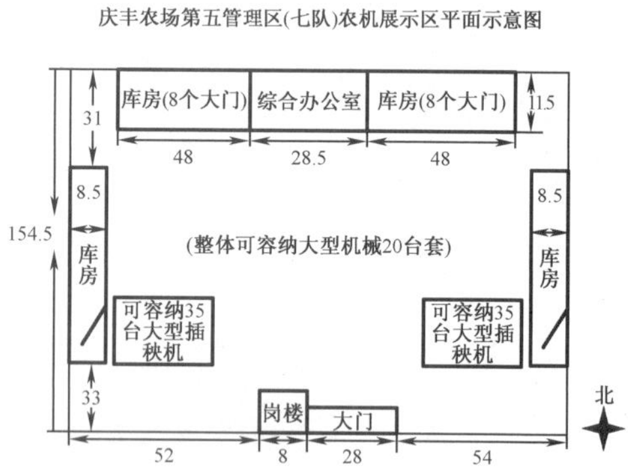

图 4-24　农机中心平面图

在本例中，农场的建筑建模使用的是 Google SketchUp，建模的主要步骤如下。

(1)根据分布图上的尺寸，使用线工具勾勒整体轮廓。

(2)将勾勒好的轮廓封闭，使用“推/拉”工具挤出相应的高度，完善细节。

(3)编辑图片,将图片加工成为材质,贴到模型上。

(4)将建立好的模型另存为.FBX格式。超级大棚最终效果如图4－25所示;农机中心最终效果如图4－26所示。

图4－25　超级大棚模型最终效果图

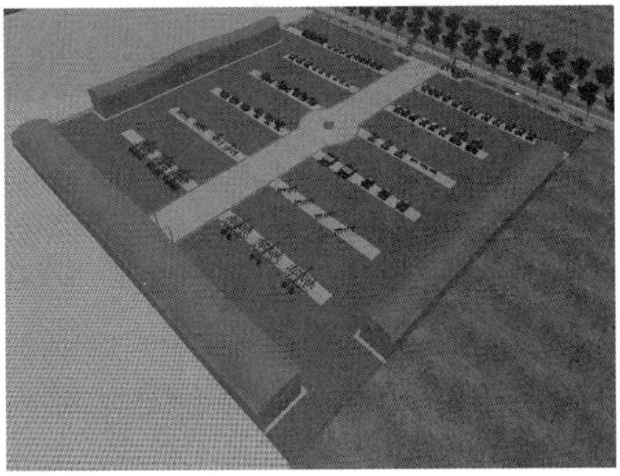

图4－26　农机中心模型最终效果图

4.4.2　作物建模

农场的农田主要种植寒地水稻,在仿真环境中,水稻的建模必不可少。由于水稻在虚拟水田里需要大量种植,为保证场景加载速度,采用十字面片法建立水稻模型。

首先,选取一张透明的水稻贴图,如图4－27所示。然后,在3DS Max下建立两个互相垂直的面片,将透明的水稻贴纸附在两个面片上,其效果如图4－28所示,微调位置后,渲染后实际效果,如图4－29所示。最后,另存为.FBX格式,导入到Unity 3D软件中,使用地形工具里的“树(tree)”刷子,将导入的水稻建模刷在地形上,在虚拟场景中,最终的显示效果如图4－30所示。

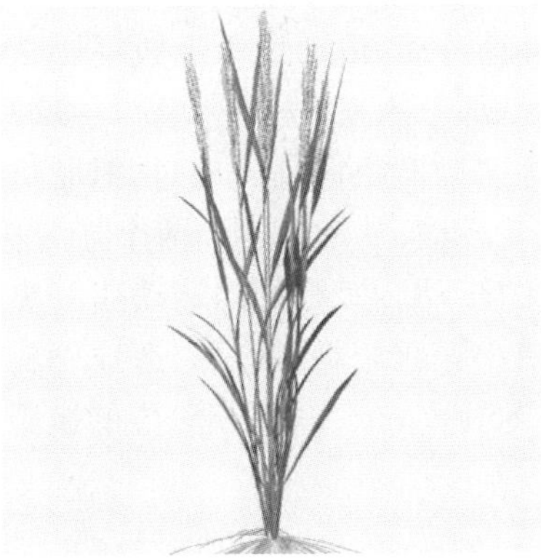

图4－27　透明的水稻贴图

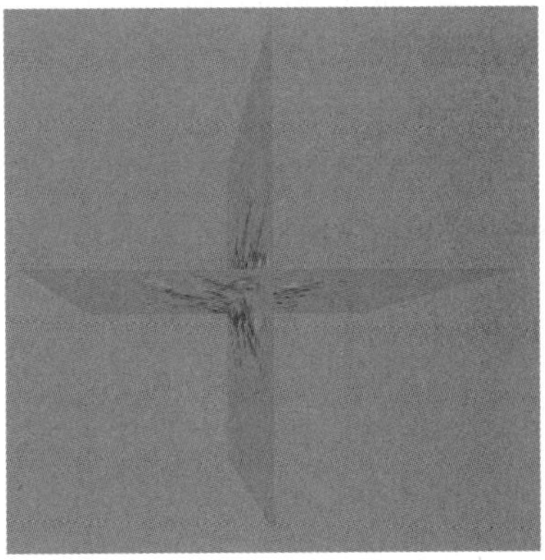

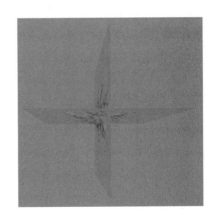

图4－28　贴纸附在两个面片上效果图

图 4－29　渲染后实际效果图

图 4－30　最终的显示效果图

4.5　撒肥机运动仿真与交互控制算法

撒肥机运动仿真与交互控制是本书的重点。运动仿真部分依靠 Unity 3D 软件的物理引擎和程序控制来实现。在软件中将各个机械部件添加刚体属性,各个部件就有了碰撞、摩擦和重力等物理属性,为运动仿真提供了必要条件。交互控制部分使用软件的 API(应用程序接口)编写程序,调用相关函数,使用 GUI(图形用户接口)建立人机交互控制界面,显示作业工况信息。用户可以通过键盘、鼠标、手柄等外接设备对农机细部零件进行观察,其观察的角度可以任意调整,还可以观察零件的动态装配、拆分等交互操作。

4.5.1　动力传动仿真

1. 传动流程

当撒肥机行进时,地轮带动链轮上的大轮转动,由于两轮同轴,因此传动比为 1:1。大轮通过链条带动小轮转动,传动比为两轮齿数的反比 13:30,小轮带动齿轮箱里同轴的主动锥齿轮转动,传动比为 1:1,主动锥齿轮带动从动锥齿轮转动,传动比为齿数反比 20:36,最后动力传递到撒肥盘。传动流程如图 4－31 所示,传动部分的三维模型如图 4－32 所示。

本研究选取的撒肥机为牵引式撒肥机。当机车牵引撒肥机向前运动时,撒肥机地轮带动链轮结构的主动轮转动,主动轮通过链子带动从动轮转动,从动轮带动两个互为 90°的齿轮转动,达到转动方向的转化目的,最后带动撒肥盘的转动。撒肥盘的转动速度决定了撒肥机的工作幅宽,撒肥盘如果转速过大,作业时粉状或小颗粒肥料易漂移,造成肥料的损失而且污染环境,因此在本设计中将撒肥盘转速确定在 850 r/min 左右,相对应的撒肥机机车行进速度确定为 10 km/h,工作幅宽确定为 8 m。

2. 齿轮链条的动态装配

撒肥机的链轮机构连接着地轮和齿轮箱,是两者动力传递的桥梁。在装配整机的时候,需要根据实际情况对链轮机构的大轮和小轮的相对位置和角度进行调整,每次调整后,需要重新回到建模软件中调整链节的数量和位置,对虚拟仿真造成了许多不便。在对链轮机构进行研究后,编写链条算法,实现了齿轮链节的动态装配,即只要确定了大轮和小轮的位置，齿轮上的链节就会根据齿轮的位置自动生成，链轮关系几何图如图 4－33 所示；链节生成效果如图 4－34 所示。

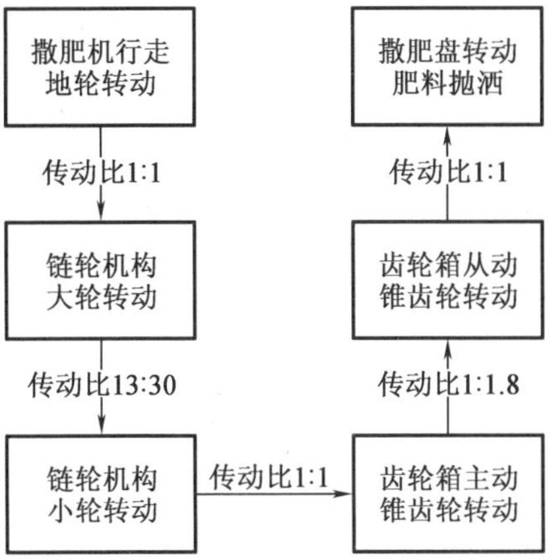

图 4－31 传动流程

图 4－32 传动部分的三维模型

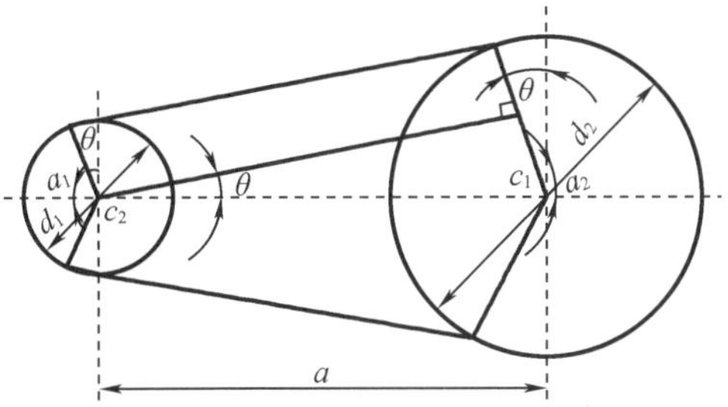

图 4－33 链轮关系几何图示

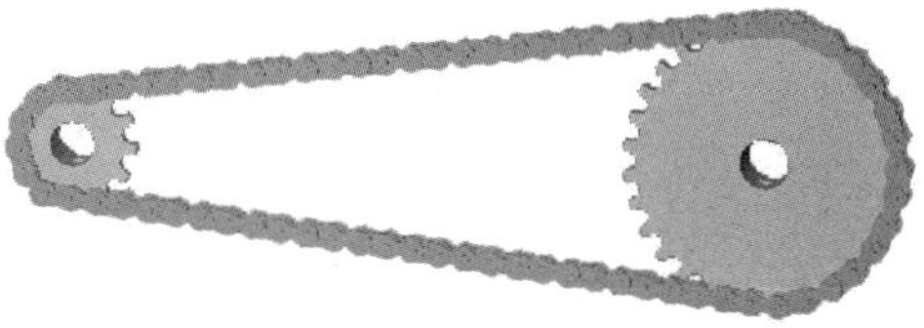

图 4－34 链节生成效果

3. 链条算法的实现原理

建立齿轮链节动态生成的数学模型，主要参数表达式为

$$\theta = \arcsin \frac{d_2 - d_1}{2a} \tag{4-1}$$

式中 d_1——小轮直径；

d_2——大轮直径；

a——中心距；

$$\alpha_1 = \pi - 2\theta \tag{4-2}$$

式中 α_1——小轮包角；

$$\alpha_2 = \pi + 2\theta \tag{4-3}$$

式中 α_2——大轮包角；

$$a = \frac{1}{8}\{2L - \pi(d_1 + d_2) + \sqrt{[2L - \pi(d_1 + d_2)]^2 - 8(d_2 - d_1)^2}\} \tag{4-4}$$

式中 L——链节的标准长度；

$$L = 2a\cos\theta + \frac{1}{2}(\alpha_1 d_1 + \alpha_2 d_2) \tag{4-5}$$

为了计算方便，需要将链条分段生成。由图 4－33 可以看出，链条由 2 段直线和 2 段圆弧组成。实现链条的自动装配需要计算出每段链节的数目，以及每一个链节的坐标和旋转。根据电子图纸提供的数据，链节距 p 为 15mm。因为计算链节的数目、坐标和旋转需要确定基点，所以这里的基点指的是链条与齿轮圆的 4 个切点。选取大轮的中心为坐标原点，设大轮的中心坐标 $C_1 = (x_1, y_1, z_1)$，则大轮上 2 个切点的坐标分别为 $\left(x_1 - \sin\theta\frac{d_2}{2}, y_1 + \cos\theta\frac{d_2}{2}, z_1\right)$，$\left(x_1 - \sin\theta\frac{d_2}{2}, y_1 - \cos\theta\frac{d_2}{2}, z_1\right)$。已知齿轮的中心距为 a，则小轮的中心坐标 $C_2 = (x_1 - a, y_1, z_1)$，同理可得小轮上与链条相切的 2 个切点的坐标分别为 $\left(x_1 - a - \sin\theta\frac{d_1}{2}, y_1 + \cos\theta\frac{d_1}{2}, z_1\right)$，$\left(x_1 - a - \sin\theta\frac{d_1}{2}, y_1 - \cos\theta\frac{d_1}{2}, z_1\right)$。直线部分可以利用两点间距离公式算出链条长度，除以链节距 p，得出链节数目 n_1，即直线被平分为 n_1 份，直线的平分点的坐标即为所要生成链节的坐标，2 条直线上链节的旋转分别为沿水平方向顺时针和逆时针旋转 θ 度。圆弧部分的计算方法以大圆为例，已知大轮上的轮包角为 α_2，利用弧长公式算出包在齿轮上链条的长度，除以链节距 p，得出所需链节的数目 n_2。由于链节在齿轮上是啮合运行，因此圆弧部分每个链节的坐标为齿轮齿间的中心，链节的旋转以水平位置为始，旋转 n_2 次，每次旋转$\frac{\alpha_2}{n_2}$度。最后将所有链节的坐标和旋转存入数组内，调用插值函数，实现链节的运动。其程序流程如图 4－35 所示。

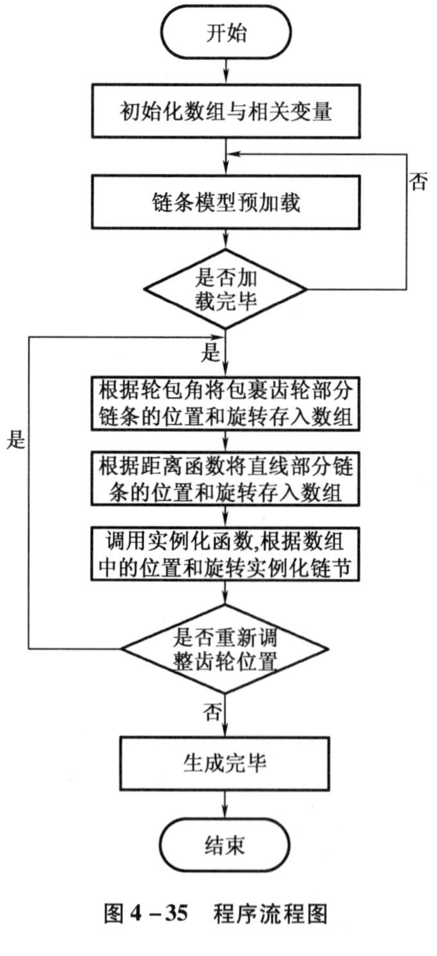

图 4－35　程序流程图

4.5.2 肥料控制仿真

1. 开关控制流程

一般情况下，撒肥箱开关处于完全关闭状态并且固定销关闭。固定销是普通的插销，它的作用是固定施肥的挡位。当需要施肥时，首先打开固定销，然后向下扳动手柄选择合适的开关量。开关量的大小决定肥料箱底部阀门打开的大小，肥料开关一共有六个挡位，根据施肥量的不同选择不同的开关量，选择完毕后，关闭固定销，机车就可以在选好的施肥挡位上工作。开关控制流程如图 4－36 所示。

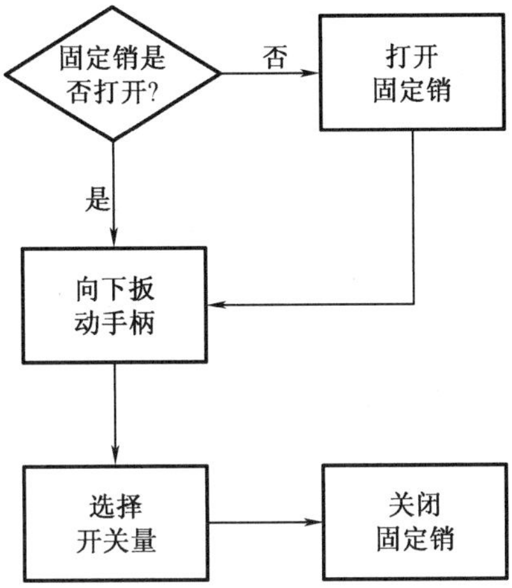

图 4－36 开关控制流程图

2. 具体实现

撒肥箱的开关控制依靠 3DS Max 中的动力学系统实现。撒肥箱的开关控制部分主要由固定销、主臂、主臂传动轴和肥料箱阀门组成的。当需要打开肥料箱时，先打开固定销，然后向下扳动主臂，主臂带动主臂传动轴打开肥料箱底部的阀门开关，找到合适的开关量后，再将固定销固定。

根据上述工作原理，首先使用链接功能确定各个部件的父子关系。在动力学中，部件的父子关系确定后，子物体会随着父物体的位移和旋转而发生相应的改变。同时，子物体也可以通过物体来引导父物体运动，父子物体是相互影响的。因为固定销是附加在主臂上的，所以主臂是固定销的父物体；因为动力是由主臂通过传动抽传递给阀门开关的，所以传动轴是阀门开关的子物体。如果对各个部件进行旋转约束和滑动约束，这主要是通过反向链接运动 IK 来实现的。

由工作原理可知，固定销只会发生竖直方向上的滑动，不会发生旋转，所以要开启固定销滑动约束，关闭其旋转约束，限定滑动范围。因为主臂、传动轴、阀门开关在工作时只会发生旋转而不发生滑动，所以要开启固定销旋转约束，关闭其滑动约束，限定旋转角度。首先，部件的 IK 约束设定完成后，在主臂和传动轴的连接部位建立虚拟引导物体，并将虚拟引导物体绑定到主臂末端，让虚拟引导物体引导整个开关部件运动并进行交互式 IK 计算。然后，打开交互式 IK 运动按钮，移动引导物体，观察开关部件的运动情况，根据运动情况回调 IK 约束的参数设定，直至合理为止。最后，点击 IK 计算，部件的运动情况会保存为关键帧动画附加在物体上。撒肥箱开关关闭和开启的状态如图 4－37 所示。

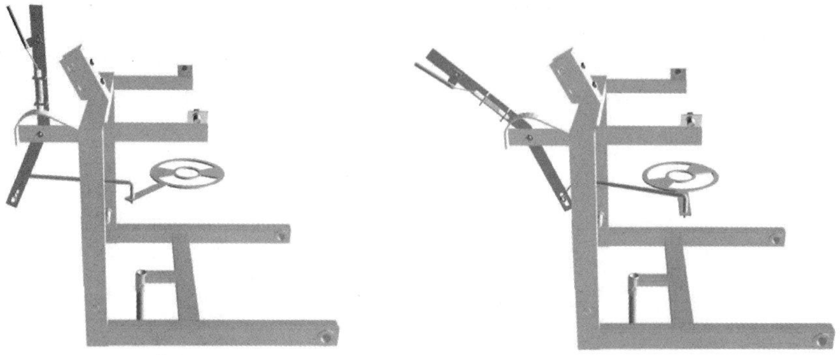

(a)关闭状态　　(b)开启状态

图 4－37　撒肥箱开关状态

4.5.3　撒肥效果仿真

1. 粒子系统

为了查看撒肥机的撒肥效果，需要对撒肥效果进行模拟。撒肥效果的模拟是依靠粒子系统和重力实现的。粒子系统是 Unity 3D 软件中的内置组件，一般用来模拟水花、喷泉、烟雾、火光等粒子性的物理效果，参数设置界面如图 4－38 所示。

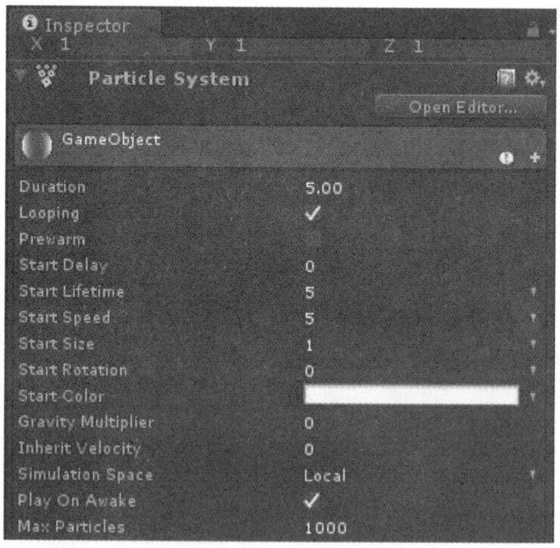

图 4－38　粒子系统参数设置界面

不同的参数控制着不同的粒子属性，更改相应的参数可以设计出满足用户要求的粒子系统，参数的相关功能注释，见表 4－2。

表 4-2 参数的相关功能注释

参数名称	参数功能注释
Duration	粒子发射器一次发射的时间
Looping	是否循环发射粒子
Prewarm	是否预热:Looping 状态下有效
Start Delay	粒子发射延长时间
Start Lifetime	粒子产生后的寿命
Start Speed	粒子的初始速度
Start Size	粒子的大小
Start Rotation	粒子初始的旋转
Start Color	粒子初始的颜色
Gravity Modifier	重力修正

2. 参数设置

撒肥机抛洒的肥料通常为颗粒状,颗粒直径为 5 mm,质量为 5 g。Unity 3D 软件提供了很好的物理引擎,在软件的组件选项中可以创建粒子系统来模拟肥料颗粒。将系统中粒子的直径设为 5 mm,质量设为 5 g,摩擦系数设为 0.2,农田的颜色一般偏深褐色,但为了便于观察肥料抛洒的均匀程度,将粒子表面附加白色材质。当撒肥机作业时,打开撒肥箱底部开关,肥料由于重力作用会自动下落到撒肥盘上,通过圆盘的转动,肥料被推肥板撞击并推到撒肥盘的边缘,此时肥料在离心力的作用下被抛出。粒子系统的工作流程如图 4-39 所示。

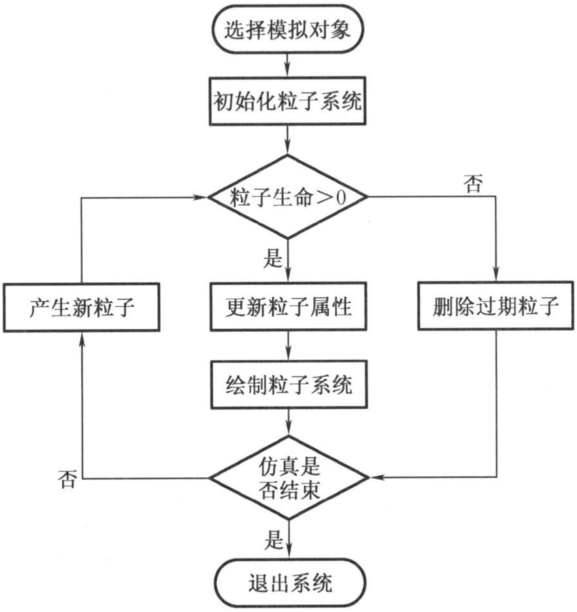

图 4-39 粒子系统工作流程

值得注意的是,在模拟抛洒的过程中,影响抛洒效果的物理量分别是撒肥盘的旋转速度,肥料颗粒的大小、质量,撒肥盘与肥料颗粒的摩擦力。为了使模拟效果接近实际,需要根据作业的具体情况进行参数设定。当机车撒肥时,可以根据粒子系统模拟生成肥料颗粒的分布情况来判断撒肥的均匀程度,为撒肥机的实际作业提供参考。实际撒肥效果如图 4 - 40 所示,撒肥模拟效果如图 4 - 41 所示。

图 4 - 40　实际撒肥效果

图 4 - 41　撒肥模拟效果

4.5.4　交互控制算法

1. 零件透视观察

本示例开发了零件的透视观察功能,此功能主要依靠在后台编写鼠标响应程序来实现。在此功能下,使用者可以观察任意一个零部件的构造。撒肥机模型在装配后,很多零件都被外部的零件所遮挡,无法看到内部的工作机制。针对这一情况,本设计进行了相应的处理。当鼠标点击到有相互遮挡的零件时,外部的零件会变为半透明,让内部的零件显露出来。同时,在合并模式下,当鼠标点击到某个零件时,系统会响应鼠标单击事件,将所选零件放置到视口中央并显示最大化,使用者可以进行平移,拉近、拉远和 360 度旋转观察等操作。透视观察程序工作流程如图 4 - 42 所示。

在 Unity 3D 软件中,虚拟场景中物体表面所展现的物理属性如颜色、反光等效果都是通过 shader(着色器)实现的。在场景中的物体,只要附加了材质,就会有对应的着色属性出现,默认属性为 Diffuse(漫反射),Diffuse 是最基本的属性,若要展示特殊效果,如冰晶、金属锈蚀等则需要调 shader 属性,并制作相应的材质贴图。在本节中,撒肥机的齿轮箱是封闭的,看不到内部的结构,为了能够展示内部的齿轮结构,需要调整齿轮箱的着色类型。零件的透视观察功能主要依靠的是调节模型上材质透明度来实现的。将有遮挡关系的零件附加刚体属性,调整材质的 shader 属性为 Transparent 下的 Diffuse,此属性支持 Alpha 通道(Trans),可以调整材质的透明度。当鼠标点击齿轮箱模型时,将透明度更改为 50%,核心函数 renderer. materials[1]. color. Alpha = 0.5。齿轮箱模型正常显示效果如图 4 - 43 所示;齿轮箱模型透视效果如图 4 - 44 所示。

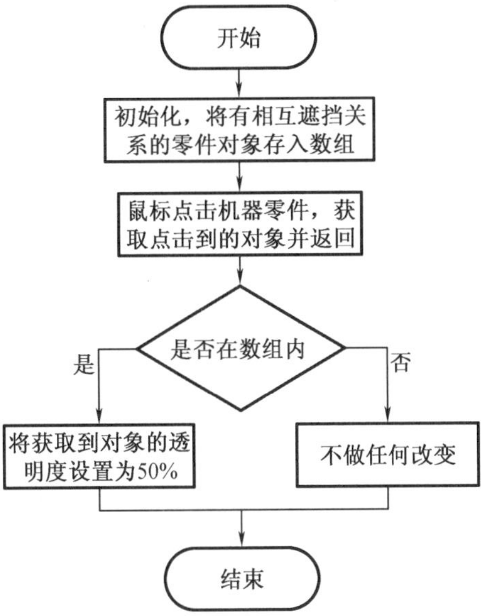

图 4－42　透视观察程序工作流程图

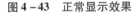

图 4－43　正常显示效果

图 4－44　透视效果

2. 撒肥机零件的虚拟组装与拆分

为了提高平台的交互性，用户能够更加详细地观察机器的部件组成，了解机器运作的原理，本系统设计并实现了零件的虚拟组装和拆解功能，其由后台编写鼠标点击事件程序和鼠标拖动事件程序完成。在场景左侧的菜单栏下有拆分模式和合并模式两种模式进行切换，点击拆分模式按钮后，系统切换至可拆解模式，所有的零件都可以使用鼠标点击、拖动到任意位置，复杂的零件也可以逐层逐件拆解，当零件拆解后，点击合并模式，机器会恢复原状。有了这个功能，用户可以随意对机器进行拆解，出现操作失误时，将机器恢复原样即可。机器拆解效果如图 4－45 所示。

此功能的实现原理是碰撞检测与鼠标位移。当鼠标点击某个零件时，系统会获取鼠标点击的屏幕位置，调用 Camera. ScreenToWorldPoint( ) 方法，将鼠标单击屏幕的二维坐标转换为场景内的三维坐标，从源位置(一般设置为摄像机的所在位置)到转换完毕的三维坐标发射一条射线，如果射线碰到物体对象的 Name 属性与零件的 Name 属性吻合，同时将此对象添加至鼠标拖的动物体队列中，长按鼠标左键同时移动鼠标，调用 Transform 类下的 Translate(Input. GetAxis(" Mouse X")) 方法和 Translate(Input. GetAxis(" Mouse Y")) 方法，获取鼠标的位移数据，同时将场景里点击的对象移动同样的距离，实现位移同步的效果，从而实现零件拆解的功能。

图 4－45　机器拆解效果

3. 自由视角控制

在 Unity 3D 软件提供的仿真平台中，屏幕所反馈的图像都是通过 Camera(摄像机) 工具来获取的。Unity 3D 软件允许使用者在场景内同时放置多个摄像机并自由切换摄像镜头，这为实现视角相互切换提供了极大的便利。利用多摄像机相互切换的功能实现了撒肥机行进的远景观察和近景跟随。在离地面 3 m 高的地块边缘，设置远景观察摄像机，撒肥机行进时，摄像机固定不动。同时，将近景跟随摄像机设置为撒肥机模型的子物体，当撒肥机行进时，摄像机也跟随撒肥机一起运动。其视角可以根据用户的需求任意调整，这实现了对模拟作业情况的实时观察。

摄像机模拟人的视觉，在场景中摄像机是一个视锥体。视角的控制本质上是对摄像机的位移、旋转、视角范围、渲染距离等属性的控制。摄像机位移和旋转的控制界面如图 4－46 所示。图 4－46 中有箭头分别代表三维场景中的 X 坐标轴，Y 坐标轴和 Z 坐标轴，同样，图 4－46中不同的环形线分别代表摄像机围绕 X 坐标轴，Y 坐标轴和 Z 坐标轴旋转。

摄像机视角控制代码的参数界面，如图 4－47 所示。

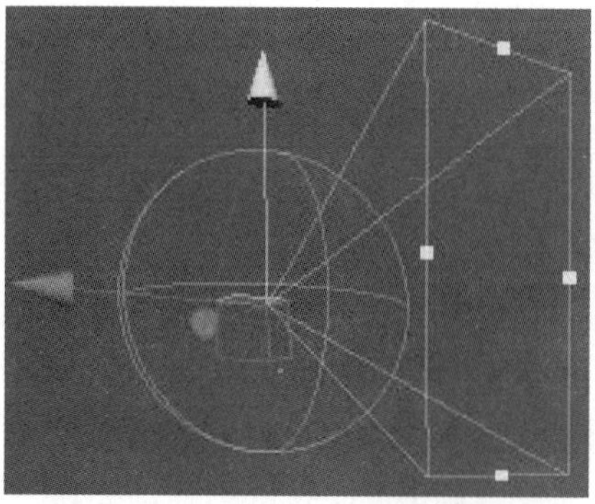

图 4－46　摄像机位移控制界面

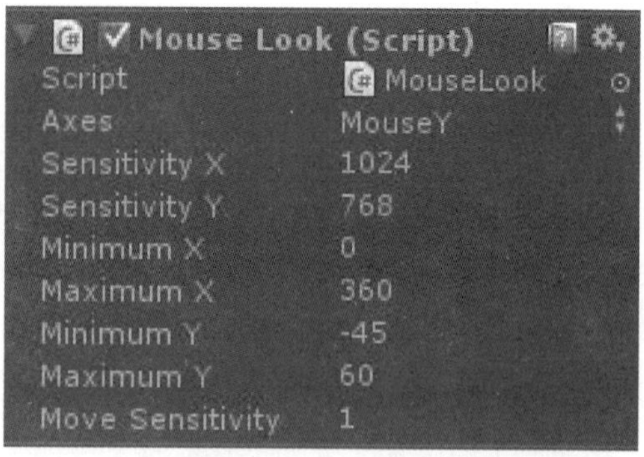

图 4－47　视角控制代码的参数界面

要实现自由视角观察的功能,同样需要编写摄像机控制代码。软件为开发者提供了很好的代码编辑工具,控制视角的参数在声明完毕后,可以在属性面板中显示,使程序的调试更加方便直观。如图 4－47 所示,在控制摄像机的 Mouse Look. cs 代码中,Axes 设置为 Mouse Y,即鼠标轴与默认法线 Y 轴向上一致,Sensitivity X 与 Y,指的是视锥体末端矩形区域的长与宽,应与显示器分辨率一致,本系统中设置为 1024×768,Minimum X 与 Maximum X 指的是摄像机左右旋转的最小和最大的角度限制。本系统设置为 0°至 360°,即可以在 X 轴方向上任意旋转,同理 Minimum Y 与 Maximum Y 指的是摄像机上下旋转的最小和最大的角度限制,根据实际测试本系统设置为－45°至 60°,即向上仰角不超过 60°,向下俯角不超过 45°。从理论上来讲,此数值可以设置为－90°至 90°,但在实际运行时,俯仰角跨度太大,不符合人的观察习惯。在图 4－48 的摄像机参数设置界面中,参数 Clipping Planes(裁剪平面)需要做调整,裁剪平面指的是摄像机可以观察到的最近和最远的距离,系统对超过此距离外的部分不予渲染,因此分别对应的 Near 和 Far,默认设置为 0.1 m 和 3 000 m,在此修改为 0.1 m 和 2 000 m,与场景的尺寸对应,其他参数默认即可。摄影机旋转调整界面如图 4－49所示。

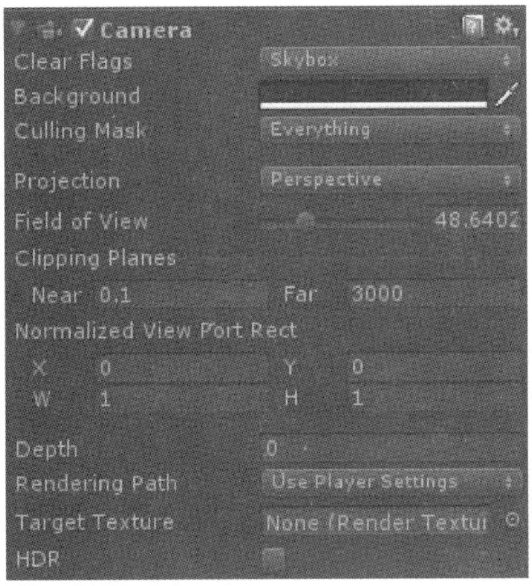

图 4－48　摄像机参数设置界面

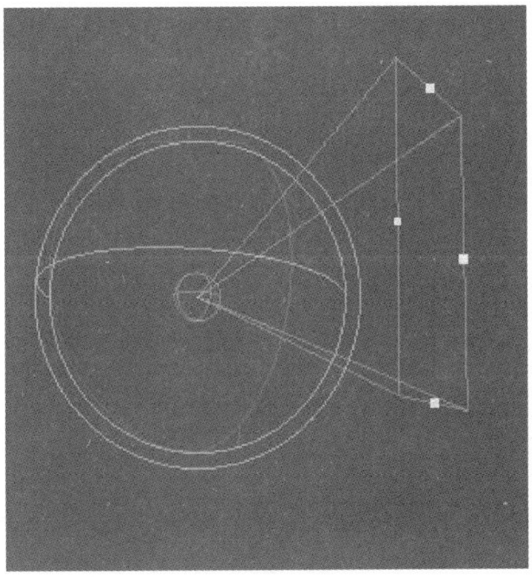

图 4－49　摄像机旋转调整界面

4. GUI(图形用户接口)与作业信息显示

为了方便用户控制,Unity 3D 软件为开发者提供了 GUI(图形用户接口)。GUI 的好处是交互命令可以通过图形来表示,相对应的控制代码都写在后台。广义地讲,按钮、标签、滚动条都属于图形接口。在本设计中,撒肥机的传动过程可以由用户控制,包括相关文字信息的显示,机械的行走、停止,撒肥开关的打开与闭合,行走速度的控制等。在本设计中,主要使用了 Label(标签),Button(按钮)和 HorizontalSlider(水平滚动条)三个 GUI 样式,为了能够使其自适应屏幕,即使在不同的分辨率下,也总是位于主场景界面的左侧一栏,可以调用 API 库中的 Screen. width( )方法和 Screen. height( )方法,自动识别分辨率。主场景效果如图 4－50 所示,左侧一列为菜单界面,右侧为撒肥机作业相关工况信息显示界面,以及导航地图界面。

图 4-50 主场景界面

其实现的核心代码如下。

```
GUI.Label(Rect(Screen.width * .25 - 170, Screen.height * .05 + 45, 100, 20),
"速度调节");
GUI.HorizontalSlider(Rect(Screen.width * 0.25 - 180,Screen.height * 0.05 + 75,
100,20),V_control,0.5,10);
(GUI.Button(Rect(Screen.width * 0.25 - 180,Screen.height * 0.05 + 115,100,20),
"机车撒肥")
(GUI.Button(Rect(Screen.width * 0.25 - 180,Screen.height * 0.05 + 145,100,20),
"机车停止")
(GUI.Button(Rect(Screen.width * 0.25 - 180,Screen.height * 0.05 + 175,100,20),
"传动展示")
(GUI.Button(Rect(Screen.width * 0.25 - 180,Screen.height * 0.05 + 205,100,20),
"拆分模式")
(GUI.Button(Rect(Screen.width * 0.25 - 180,Screen.height * 0.05 + 235,100,20),
"合并模式")
```

位于界面右上角的撒肥机作业相关工况信息显示的窗口是通过图形用户接口的窗体样式实现的，显示的信息有以下字段：当前日期、当前时间、地块种类、地块编号、作物种类、所处生长期、撒肥机编号、剩余肥料量、当前行进速度、开始作业时间、预计作业持续时间。调用 GUI. Window( ) 方法建立窗体后，将上述字段及对应的相关信息显示出来。当前日期与当前时间字段的信息可以调用系统中的 System. DateTime. Now( ) 方法获取，信息可精确到秒；地块种类、地块编号、作物种类和所处生长期这几个字段的信息是通过读取 XML 文档里存储的地块信息来获取的；剩下的撒肥机编号、剩余肥料量、当前行进速度、开始作业时间和预计作业持续时间这些字段的信息与撒肥机的行进速度是相关联的，即与场景左侧的速度调节功能是相关联的，需要跨脚本访问数据。因为脚本文件中的 static(静态)类型数据可以被外部脚本访问，所以可以将水平滚动条返回的数值 V_control 设置为 static 类型，调用 GameObject. Find(" Camera"). GetComponent(" mouseControl") 方法获取脚本对象，在需要显示字段信息的地方直接读取即可。

如图 4 - 51 和 4 - 52 分别展示的是机车不工作和正在工作时的作业信息显示。不工作时，行进速度为 0 M/S，开始作业时间与预计作业持续时间均显示为“—”，肥料量显示为满载的 30 KG。开始工作时，系统记录开始工作的时间，当调节机车的行进速度时，肥料量、机车速度值、预计持续作业时间这几个字段信息都会发生相应的改变，动态模拟了作业的工况信息，为撒肥机车的作业调度提供模拟数据参考，并且窗体的样式设置为半透明，在显示信息的同时降低对场景观察视角的影响。

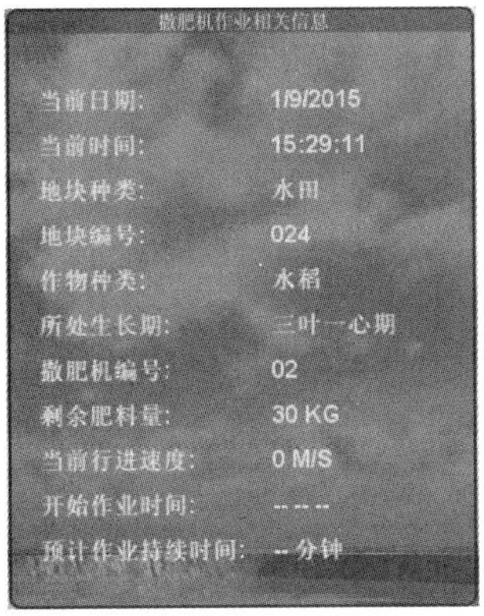

图 4 - 51　机车不工作时的作业信息显示

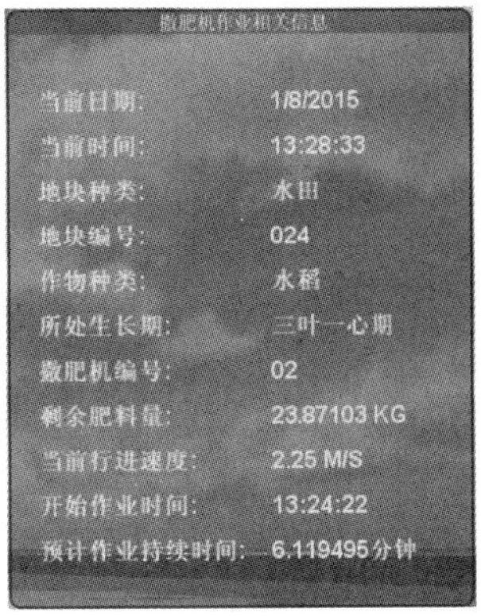

图 4 - 52　机车工作时的作业信息显示

5. 导航地图

由于农场面积广大，若想知道机车工作的具体位置，单纯依靠 GPRS 返回的数值坐标信息还不是很直观，因此农场的导航地图为本平台的使用者提供了宏观的观察界面。导航地图设置在场景的右下角，设置为半透明的样式，这样的设置降低了导航地图对视角的影响。

导航地图依靠图片绘制命令实现，调用 GUI. DrawTexture(Rect(X, Y, Wid, Hei), pic) 方法，加载地图背景图片，使用代码编辑器编写导航地图代码来控制机器和地物的标示。在制作导航地图时，需要注意导航地图与实际场景的位置换算与大小比例关系，在三维场景中，默认设置是 Y 坐标轴向上，即物体的正方向是沿 Y 坐标轴的方向，观察场景的平面布局时需要切换至顶视图视角去看，显示的是 X 坐标轴和 Z 坐标轴，并且默认的零点，即坐标为 (0,0,0) 的点在场景的中心，导航地图是二维的，导航地图的 X 坐标轴和 Y 坐标轴对应三维场景的 X 坐标轴和 Z 坐标轴，此时可忽略 Y 坐标轴。值得注意的是，当将三维场景里的地图坐标转化为二维场景里的地图坐标时，首先要换算比例因子，换算完毕后位移半个地图的宽和高，使零点对齐。导航地图与三维场景顶视图的对应关系如图 4 - 53 所示，导航地图代码参数设置界面如图 4 - 54 所示。参数的具体功能如下。

Back Ground：导航地图图片。

Machine Mini Logo：撒肥机的标示图片。

Building Mini Logo：农场建筑的标示图片。

Machine Arrow：机器的方向。

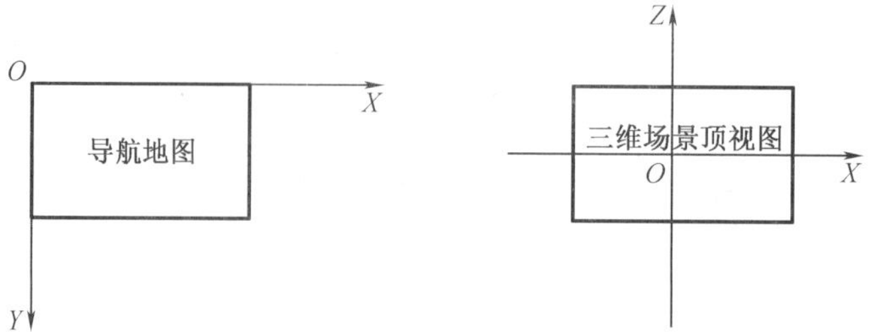

图 4-53　导航地图与三维场景顶视图的对应关系

Player：需要在地图上显示的三维场景中的对象，本处指撒肥机。

Arrow Angle：方向角度。

Map Width：场景的实际宽度，本场景中是 2 000 m。

Map Height：场景的实际长度，本场景中是 2 000 m。

Mini Map Width：导航地图的实际宽度，设计为 320 × 320 分辨率。

Mini Map Height：导航地图的实际长度，设计为 320 × 320 分辨率。

清楚三维场景与导航地图的坐标映射关系后，给代码中的参数赋值，选择标示图片，本系统将红色圆点作为撒肥机的位置标示图片，最终效果如图 4-55 所示。

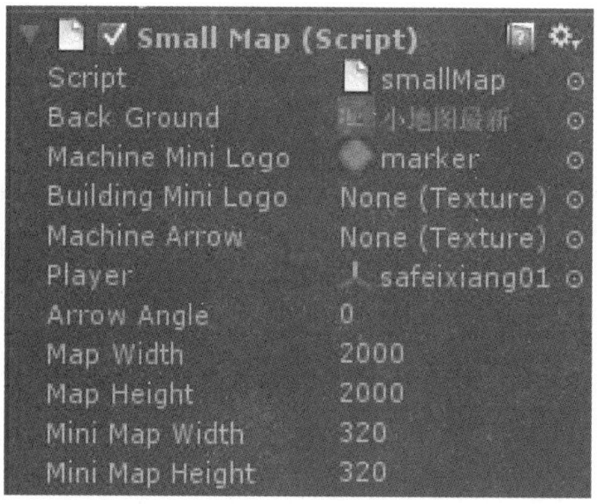

图 4-54　导航地图代码参数设置界面

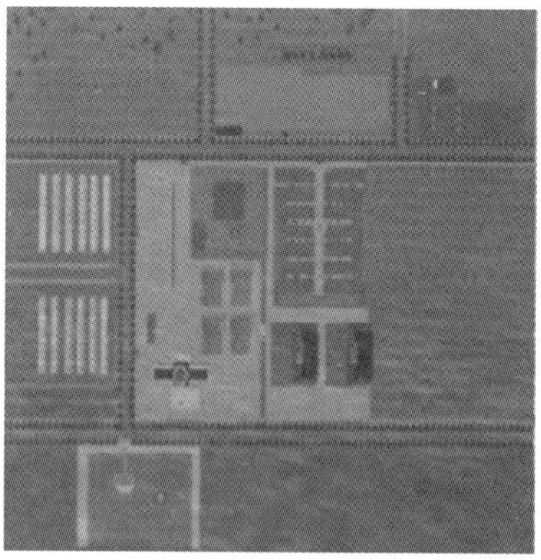

图 4-55　位置标示图片最终效果

4.5.5　碰撞算法的研究与改进

1. 碰撞机制介绍

碰撞，在三维场景中主要表现为当两个具有刚体属性的物体发生接触时不会穿透对方，会产生碰撞的效果，如人不会穿墙而过，汽车在路面上行驶等。在 Unity 3D 的物理引擎中，撒肥机在地面上行走，在遇到地形起伏时会有阻力效果，在遇到田间的地垄时会停止、转弯等效果都是通过碰撞来实现的。在 Unity 3D 软件中，碰撞效果主要依赖碰撞器的组件来实现的。当模型导入场景里后，软件会自动识别模型的 Mesh（网格）属性，为了加快模型的着色渲染，软件会将模型上的点自动绘制成为三角面。当添加 Mesh Collider（网格碰撞器)时,碰撞器会根据模型的 Mesh 属性依附在模型的表面,以实现任意形状的碰撞器。不同的碰撞器从属不同的种类,在 Unity 3D 中,碰撞器主要有三种,具体的分类见表 4－3。

表 4－3　碰撞器种类一览表

碰撞器名称	注释
Static Collider 静态碰撞器	是指没有附加刚体而附加碰撞器的对象。这类对象会保持静止或很轻微的移动。一般用于环境模型
Rigidbody Collider 刚体碰撞器	是指附加刚体属性和碰撞器的三维对象
Kinematic Rigidbody Collider 运动学刚体碰撞器	在刚体碰撞器的基础上勾选刚体组件中的 IsKinematic 属性,如果这类对象发生移动,就只能修改它的 Transform 属性,而不能施加力
IsTrigger 是否触发	上述三种碰撞器若选中 IsTrigger 属性,则会变成相应的触发器

很多时候,当场景中的农机与其他 Object(对象)发生碰撞时,我们需要做一些特殊的事情,比如农机停止撒肥、停止行走或者转弯等。此时需要及时检测到碰撞现象,即碰撞检测。在 Unity 3D 中,碰撞器是一群组件,它包含了很多种类,比如 Box Collider、Mesh Collider 等,虽这些碰撞器应用的场合不同,但都必须加到 Objecet 身上。所谓触发器,只需要在检视面板中的碰撞器组件中勾选 IsTrigger 属性选择框。在 Unity 3D 中,主要有以下接口函数来处理这两种碰撞检测。

(1)触发信息检测

①MonoBehaviour. OnTriggerEnter(Collider other) 进入触发器。

②MonoBehaviour. OnTriggerExit(Collider other) 退出触发器。

③MonoBehaviour. OnTriggerStay(Collider other) 停留触发器。

(2)碰撞信息检测

①MonoBehaviour. OnCollisionEnter(Collision collisionInfo) 进入碰撞器。

②MonoBehaviour. OnCollisionExit(Collision collisionInfo) 退出碰撞器。

③MonoBehaviour. OnCollisionStay(Collision collisionInfo) 停留碰撞器。

根据模型的不同用途可以为模型附加不同的碰撞器或触发器,当模型互相靠近或者接触时,触发碰撞检测消息。表 4－4 和表 4－5 为碰撞时的触发信息检测与碰撞信息检测。

从中可得出结论:若想检测到碰撞信息,两个碰撞器至少有一个是 Rigidbody Collider(刚体碰撞器)。根据此结论,在本设计中为撒肥机和牵引拖拉机添加 Rigidbody 和 Mesh Collider。

表 4－4　触发信息检测

	Static Collider	Rigidbody Collider	Kinematic Rigidbody Collider	Static Trigger Collider	Rigidbody Trigger Collider	Kinematic Rigidbody Trigger Collider
Static Collider					Y	Y
Rigidbody Collider				Y	Y	Y
Kinematic Rigidbody Collider				Y	Y	Y

表 4 -4(续)

	Static Collider	Rigidbody Collider	Kinematic Rigidbody Collider	Static Trigger Collider	Rigidbody Trigger Collider	Kinematic Rigidbody Trigger Collider
Static Trigger Collider		Y	Y		Y	Y
Rigidbody Trigger Collider	Y	Y	Y	Y	Y	Y
Kinematic Rigidbody Trigger Collider	Y	Y	Y	Y	Y	Y

表 4 -5　碰撞消息检测

	Static Collider	Rigidbody Collider	Kinematic Rigidbody Collider	Static Trigger Collider	Rigidbody Trigger Collider	Kinematic Rigidbody Trigger Collider
Static Collider		Y				
Rigidbody Collider	Y	Y	Y			
Kinematic Rigidbody Collider		Y				
Static Trigger Collider						
Rigidbody Trigger Collider						
Kinematic Rigidbody Trigger Collider						

2. 刚体碰撞器的缺陷

为牵引拖拉机模型添加 Rigidbody 和 Mesh Collider,添加前后如图 4 -56 和 4 -57 所示。

图 4 -56　未添加碰撞器的拖拉机模型

图 4 -57　添加碰撞器的拖拉机模型

在本章的碰撞机制介绍中得知,Mesh Collider 会依附在模型表面,并根据模型的形状改变 Mesh Collider 的形状,是十分理想的碰撞器,但是 Mesh Collider 对计算机资源消耗巨大,添加 Mesh Collider 后,系统的帧率明显下降。帧率是反映虚拟现实软件运行效果的重要参数,在计算机硬件没有改变的情况下,添加 Mesh Collider 会导致帧率下降较多,说明 Mesh Collider 对计算机资源的消耗过大,需要做一些改进。

3. 改进方法与效果对比

Unity 3D 是一个半开源的三维引擎，软件的许多功能源码可以直接打开编辑，并且软件为开发者提供了丰富的 API（应用程序接口），开发者可以根据自身需求修改和编写代码。在 Unity 3D 软件中，碰撞主要有物理碰撞和非物理碰撞。静态碰撞器、刚体碰撞器和运动学刚体碰撞器均为物理碰撞，只有当附加碰撞器的物体有相互接触时，才会触发碰撞检测。为了降低 Mesh Collider 的使用频率，编写代码使用 Ray Cast（射线投掷法）改进碰撞算法。

Ray（射线），是 Unity 3D 里面一个比较特别的工具，应用十分广泛，并且此工具用法简单，程序调用方便。利用射线开发者能够快速解决一些棘手的问题，比如目标的检测，农机运动方向的确定等。一条射线是无限长的，它靠一个原点（origin，Vector3 类型）和一个方向（Direciton，Vector3 类型）决定。确定这两点，就能在一个三维空间确定一条射线。其构造方法为：static function Ray（origin（源位置）：Vector3（三维向量），direction（方向向量）：Vector3）：Ray。构造射线完毕后，调用 Physics 类中的方法：Physics. Raycast，具体的构造方法如下。

origin：在世界坐标下，射线的起点，即牵引拖拉机的头部。

direction：射线的方向，即拖拉机的正前方。

distance：射线的长度。

hitInfo：若返回值为真，则存储射线碰到的对象。

layerMask：层级遮罩，即只选定 Layermask 层内的碰撞器，忽略其他层内碰撞器。

介绍完射线投掷法的原理后，建立 Javascript 文件，将程序文件附加到拖拉机对象上，在拖拉机行进时，向前方发出长度为 10 m 的射线，当检测到障碍物时就停止。碰撞算法流程图如图 4－58 所示。

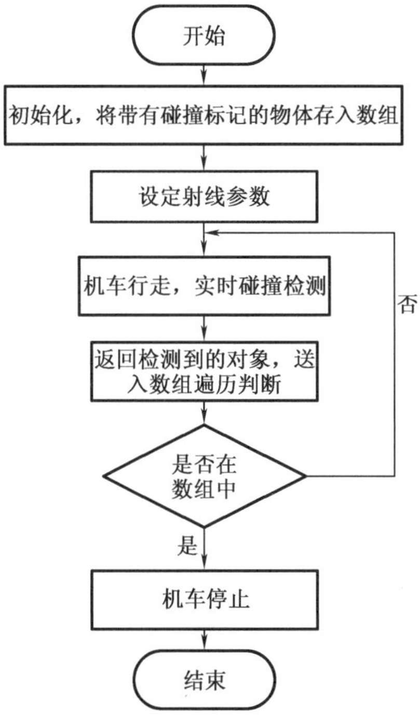

图 4－58　碰撞算法流程图

Unity 3D 软件为开发者提供了运行参数的实时显示界面，如果将场景中需要碰撞的物体都添加 Mesh Collider，会对系统运行产生比较大的影响，即产生较明显的卡顿感，使用 Ray Cast（射线投掷法）改进后的碰撞算法可以将帧率从 59.1 提高到 69.6，提高了虚拟仿真系统的运行效率。传统碰撞算法帧率及改进后的帧率如图 4－59 与 4－60 所示。

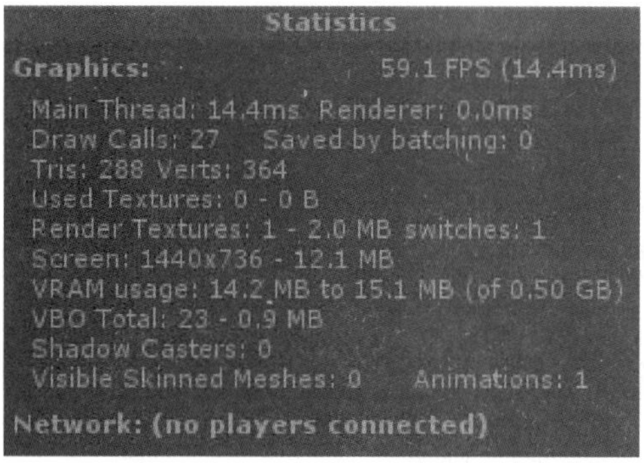

图 4－59　传统碰撞算法帧率

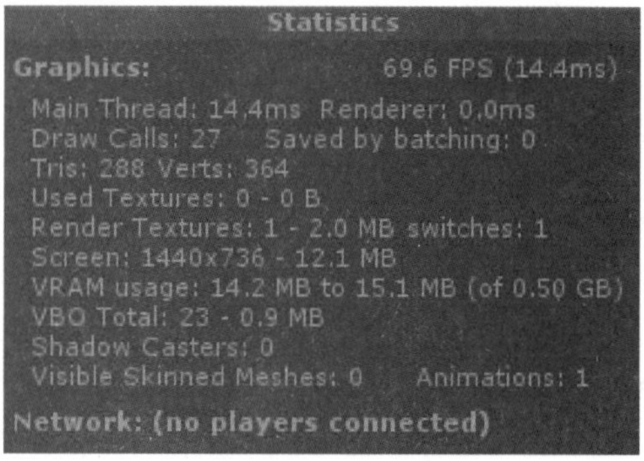

图 4－60　改进后的帧率

4.6　场景加载算法的研究与改进

4.6.1　多线程

在常用的 Windows 操作系统中，多线程技术是一种处理并发现问题的好方法。多线程技术就是将一个大型的任务，按照逻辑关系拆分为多个小任务去执行。当系统加载比较大型的场景时，从效率方面考虑的话，需要将加载数据进行拆分加载。使用多线程技术，可以很好地对加载的过程进行管理。

4.6.2　异步加载算法

构建农场虚拟环境时，由于农场面积广大，在场景的中的模型众多，使用 Unity 3D 默认的加载函数会十分缓慢，进入系统前需要漫长的等待，因此解决场景加载缓慢的问题十分必要。本设计采用异步加载算法解决虚拟场景加载缓慢的问题。

异步加载顾名思义就是不影响当前场景的前提下加载新场景。在默认的情况下，Unity 3D 加载三维场景的时候通常会使用 Application. LoadLevel（“SceneName”）方法，此方法主要加载的是在场景中预先存在的所有对象，即运行程序前该场景中就已经存在的所有对象。这些对象在执行完方法后就加载至内存当中。如果该场景中的游戏对象过多，那么瞬间将会出现卡顿的情况，因为 Application. LoadLevel（“SceneName”）方法是同步进行的。异步加载是基于多线程实现的，在场景较大，同步加载资源耗时较长的情况下，可以新建一个过渡场景，将大环境放入过渡场景中。加载过渡场景，先将系统界面启动，与此同时另开线程，后台加载较为精细的模型对象，异步加载使用的是 API 库中的 AssetBundle（资源绑定）

方法。

异步加载调用的核心函数为 Application. LoadAsync(“SceneName”)。此方法只能加载 Unity 3D 资源包文件,所以异步加载的核心问题就转化成了场景资源如何打包,将场景资源打包后,开启新线程,调用 Application. LoadAsync()方法异步加载场景,算法流程图如图 4-61 所示。

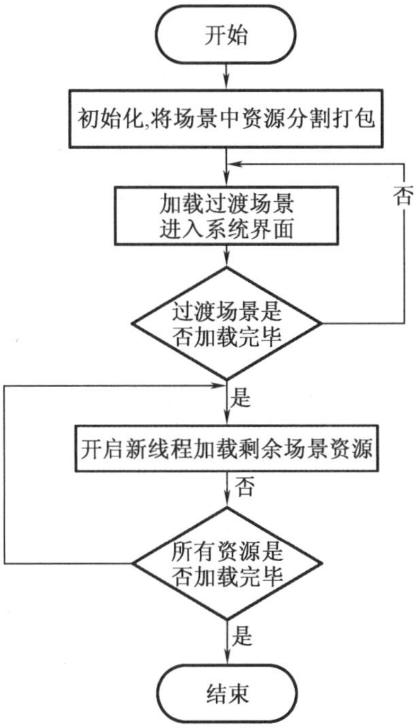

图 4-61 异步加载场景算法流程图

4.6.3 遮挡剔除技术

为了使异步加载算法的效果更加明显,需要使用遮挡剔除技术,它的主要作用是将不在可视范围内的物体剔除出渲染序列,即当资源被载入内存后只将可视物体送入显存渲染,从而加快加载的速度。在 Unity 3D 场景中,每一个被展示的对象都被放在一个数据包中,然后通过指令将这个数据包传递到屏幕上呈现出来,调用的指令称之为描绘指令(draw call)。因为 CPU 在完成打包和传递数据的时候会消耗很多的带宽,所以如何分配好这些关键性资源很重要。当建立大场景时,调用描绘指令十分频繁,计算机会默认将所有的物体渲染到场景中去,这样会极大加重 CPU 和 GPU 的负担,所以就诞生了视锥体剔除(frustum culling)技术和遮挡剔除(occlusion culling)技术。

视锥体剔除技术在 Unity 3D 场景中是自动实现的。屏幕产生的图像是通过摄像机渲染而来,摄像机本身就是一个视锥体,在系统运行时,摄像机会自动识别不在视野范围内的物体不予渲染,这样可以极大提高场景的加载和渲染速度,尽量减少卡顿现象的出现。虽然 Unity 3D 有内置的视锥体剔除技术,但是在场景中由于视角和层级的关系,物体和物体之间会有相互遮挡的现象出现，当几个物体同时在摄像机视野内而又相互遮挡时，摄像机会把视野内的物体全部渲染，此时就出现了无效渲染，即被遮挡的物体虽然在摄像机视野内，但是不应该被渲染出来。为了进一步提高系统运行的效率，遮挡剔除技术应运而生，启用场景的遮挡剔除功能可以缩短加载资源的时间，提高帧率，保证平台流畅运行。

遮挡剔除技术实现的功能是当场景中的一个物体被其他物体遮挡而不在摄像机的可视范围内时，不对其进行渲染。遮挡剔除算法运行的原理是通过在场景中使用一个虚拟的摄像机来创建一个物体潜在可视性状态的层级(set)，这些数据可以使每个运行时间内的摄像机来确定什么能看见，什么看不见。通过这些数据，Unity 3D 软件只把可以看见的物体载入显存渲染，这将降低描绘指令的调用次数并提高系统的运行效率。

在 Unity 3D 软件中，遮挡剔除功能并不是自动开启的，使用遮挡剔除功能前需要一些必要的设置。

1. 开启物体标识(object flags)

在三维场景中，物体全影技术需要考虑两方面因素：遮光物(occluder)和被遮挡物体(occlude)。前者定义于几何学的角度，全影技术会将它们构建成单一、稳定的模型；后者定义于可见性的角度，全影技术通常会通过遮挡数据对其进行测试。从几何学角度来讲，遮光物是由大量的带有"Occluder static"标识的设置组成的，而被遮挡物体的标识则是"Occludee static"。物体标示设置如图 4－62 所示。

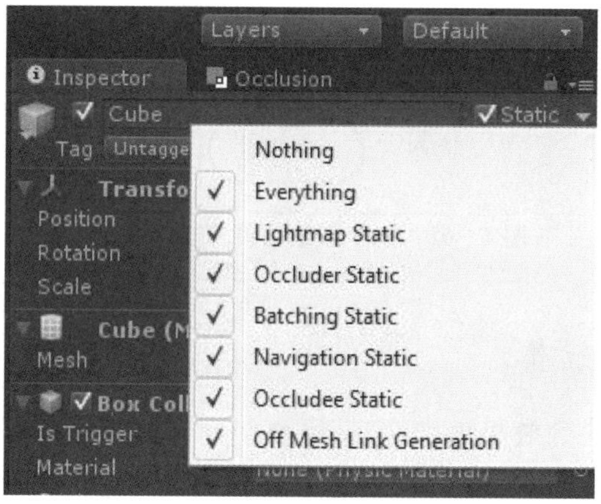

图 4－62　物体标示设置

在默认的情况下，如果不是所有的渲染器作为被遮挡物体，则应该预先设定好大多数的遮挡配置，以便在全影技术下自动剔除不必要的景物。同理，在默认的情况下，多数的静态渲染器(static renderers)都可以作为遮光物，只要确保渲染器不是透明的即可。但是，如果物体的缝隙很小(比如浓密的植物)，而又想透过它们看到其他景物，那么单纯减小这些缝隙的最小值是没有用的，应该从渲染器中移除这些遮挡标识(occluder flag)。此外，由于遮挡物通常是实心的，通常来讲，常用的剔除方法是让摄像机与遮挡物之间不交叉。这就意味着，如果碰撞系统(collision system)不能阻止摄像机在遮挡物内部"穿行"的话，为了得到较理想效果，应该移除相关遮挡标识。

2. 设置最佳默认值(setting the right parameter values)

使用全影技术最困难的部分是寻找合适的参数值。Unity 3D 中的默认值通常可以作为起点,将一个 Unity 3D 地图融进三维场景中,可以先设定比较大的值,然后让其按照自己的方式工作。例如,处理最小的孔时,可以使用较大的值来加速它的成型过程。因此,当开始要遮挡物体的时候,逐渐缩小该值。当遮挡占用太多的时间,或者遮挡数据过多时,可以停止这种缩小操作。至于隐性阈值(backface threshold),初始值设定为 100。如果遮挡数据太大时,或者与相机的距离过近,甚至与遮挡物相交时,则得到错误的结果,将其设定成 90 或者更小的值。

完成上述设置后,开启遮挡剔除的具体方法如下。

(1)在菜单窗口下选择,Window – > Occlusion Culling,打开 Occlusion Culling 检视面板,创建一个新的 Occlusion Area。遮挡剔除界面和 Occlusion Area 参数设置界面,如图 4 – 63 和 4 – 64 所示。

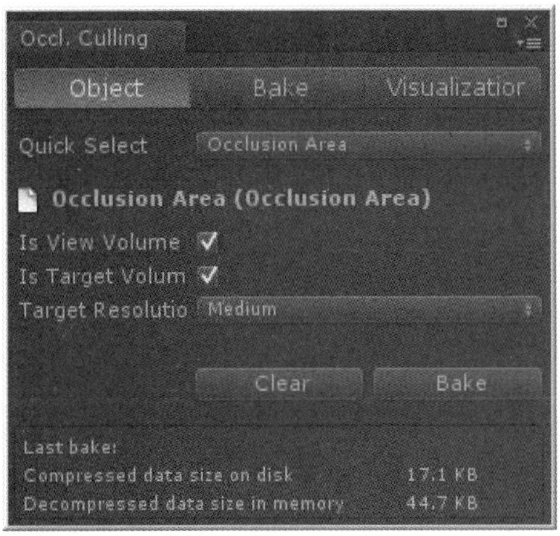

图 4 – 63 遮挡剔除界面

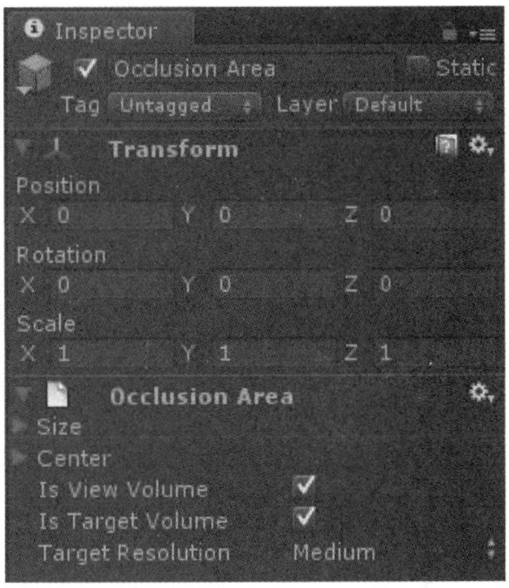

图 4 – 64 Occlusion Area 参数设置界面

新建的 Occlusion Area 初始位置默认在地图的(0,0,0)位置,尺寸大小是边长为 1 的立方体区域,如果摄像机处于遮挡区域之外或者任何物体超出区域,这些物体都将不会被遮挡剔除。为了保证遮挡剔除的效果,在此将 Occlusion Area 的尺寸设为(200,200,200)。Occlusion Area 的参数见表 4 – 6。

表 4 – 6 Occlusion Area 参数一览表

参数名称	注释
Size	定义 Occlusion Area 的尺寸
Center	选择 Occlusion Area 的中心,默认为(0,0,0)并在 box 的中心位置
Is View Volume	确定区域内的 Occlusion Culling 精度。即一个 Occlusion Area 的单元尺寸,此选项只对 Target Areas(移动物体)起作用
Is Target Volume	遮挡剔除运动物体,打开此选项

表 4-6(续)

参数名称	注释
Target Resolution	确定区域内的 Occlusion Culling 精度,即一个 Occlusion Area 的单元尺寸,此选项只对 Target Areas(移动物体)起作用
Medium	计算时间和精度中等,比较平均

(2)烘焙设置。选择遮挡剔除设置界面的 Bake(烘焙)选项,如图 4-65 所示,这里的烘焙是指场景的预渲染。当场景构建完毕后,实时光影十分耗费内存资源,经过烘焙处理后的场景,光影效果就变成了固化的效果,在系统运行时,不会进行动态的变化,这样进行过预计算的场景,既保证了真实程度又极大降低了内存资源的消耗。

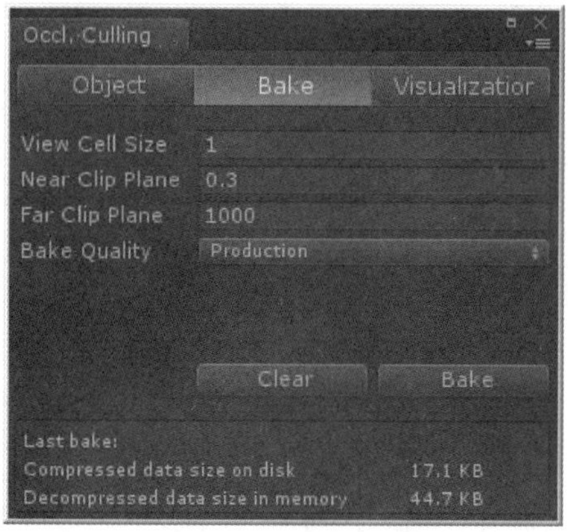

图 4-65　遮挡剔除设置界面的 Bake 选项

Bake(烘焙)设置下共有四个参数,分别是 View Cell Size、Near Clip Plane、Far Clip Plane 和 Bake Quality。View Cell Size 是指每个 view area 单元的尺寸,尺寸越小遮挡剔除越精确。此数值用来平衡遮挡剔除的精度和存储容量,默认为 1;Near Clip Plane 是指任何物体的距离小于这个设定数值都会被自动遮挡,默认为 0.3;Far Clip Plane 用于选择物体,任何物体的距离大于这个设定数值都会被自动遮挡,默认为 1000,在本设计中设置为 200,与 Occlusion Area 一致;Bake Quality 是指烘焙品质,有 Preview 和 Production 两个选项,在开发阶段使用 Preview 品质,可以快速地预览场景的品质,开发完毕后选择 Production 选项。进行完上述配置后,点击右下方 Bake 按钮处理 Occlusion Culling 数据,烘焙完毕后,如果不满意,点击 Clear 按钮删除以前的计算数据,重新设置烘焙参数。

(3)可视标签设置。选择遮挡剔除设置界面的 Visualization(可视标识)选项,如图 4-66 所示。Quick Select 选项可以让开发者快速选择场景中的摄像机来观看遮挡剔除的效果,一般选择场景中的 Main Camera 观察效果,如图 4-67 所示。The near and far planes 定义了一个虚拟摄像机来计算遮挡剔除数据。如果场景中有多个摄像机 near 或 far planes 不同,应该设置 near plane 和 largest far plane distance 适配所有摄像机来调整物体的范围。判断场景里的物体是否在可视范围内只有在设定的剔除范围内才生效。

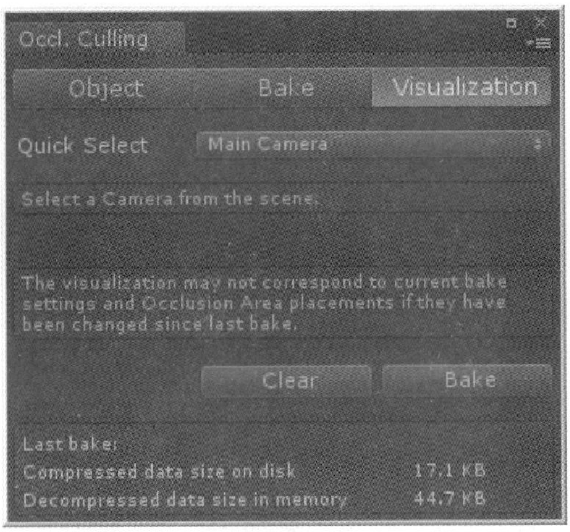

图 4-66 选择遮挡剔除设置界面的 Visualization 选项

图 4-67 Main Camera 观察效果

完成上述设置后,遮挡剔除功能才会被开启。开启此功能后,由于减少了无效渲染,因此仿真平台加载场景资源的时间被缩短,平台运行时更加流畅,提高了异步加载算法的效率。

4.7 撒肥机仿真平台的搭建

4.7.1 仿真平台的发布

仿真和交互控制功能在 Unity 3D 软件内实现后,需要对平台进行发布,发布后的平台可以脱离开发环境独立运行。选择 Windows 操作系统模式,将平台发布为 Web 格式,发布的选项界面如图 4-68 所示。Web 格式是以静态网页文件 + 数据包的形式存在,只要将数据包和静态网页放在同一级文件目录下,发布后的平台可以在计算机上以浏览器加载本地数据的形式运行,也可以将平台挂载到现有的农业信息网站上以 B/S 形式运行。该平台可移植性强,便于普及。

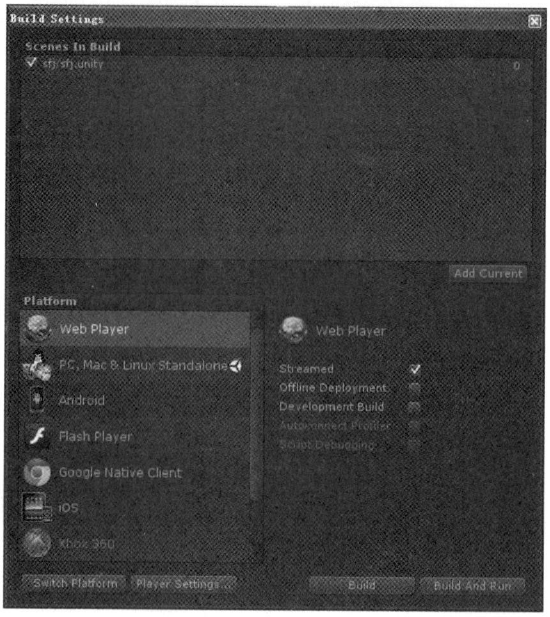

图 4－68　发布的选项界面

4.7.2　Web 仿真平台的开发

仿真平台发布完毕后，相当于只在网页上内嵌了一个播放窗口，需要使用 JavaScript 语言和 CSS 样式对整个平台重新布局，增加前台功能，并且需要通过 WebPlayer 插件调用传参函数实现网页前台与后台的参数传递，包括场景模式切换菜单，以树形工具为依托的侧边导航菜单等，完成整个 Web 仿真平台的搭建。

1. 平台的规划布局

Web 平台的布局主要分为四块：标题部分、农机主场景展示窗口、树形结构菜单和模式切换菜单，具体如图 4－69 所示。

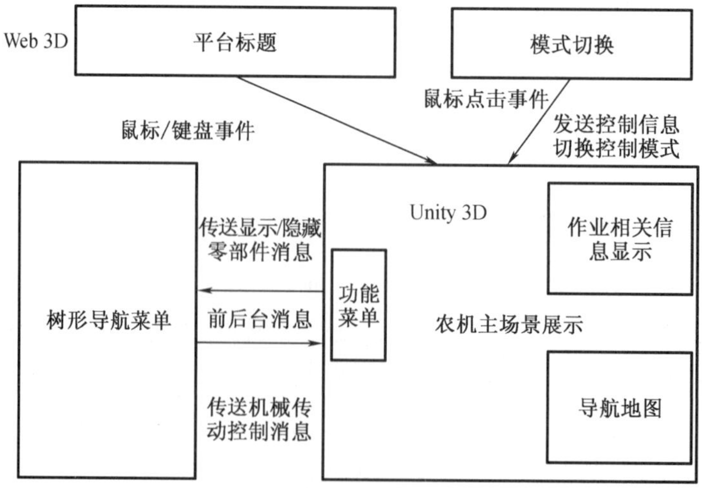

图 4－69　Web 平台布局

2. Web 前台与后台的通信

Web 格式的平台发布以后，还需要对发布出来的网页文件进行开发，完善整体布局和实现前后台的通信。前后台的通信包括两股数据流，分别是从网页到 Unity 3D 数据包和从 Unity 3D 数据包到网页。前台到后台数据流主要指后台响应网页的各种事件并做出回应，比如鼠标单击事件，鼠标选择事件，键盘输入事件等，传参函数为 U. getUnity( ). SendMessage( )。后台到前台数据流主要指后台数据包内的对象向网页传递消息，传参函数为 Application. ExternalCall( )。在需要传参的对象的控制代码里添加相应的传参函数，根据不同情况传递不同的参数。

(1)前台到后台数据流

前台到后台数据流主要指后台响应网页的各种事件并做出回应，比如鼠标单击事件，鼠标选择事件等。其传参函数为 u. getUnity( ). SendMessage(参数 1，参数 2，参数 3)，三个参数均为字符串类型，参数 1 指的是后台 Unity 3D 对象；参数 2 指的是附加到此对象上代码文件里的函数名；参数 3 指的是实际的传参字符串。将传参函数写在前台网页事件响应代码里，根据不同事件向 Unity 3D 数据包中不同对象的代码文件传递相应的参数即可。传参原理如图 4 – 70 所示。

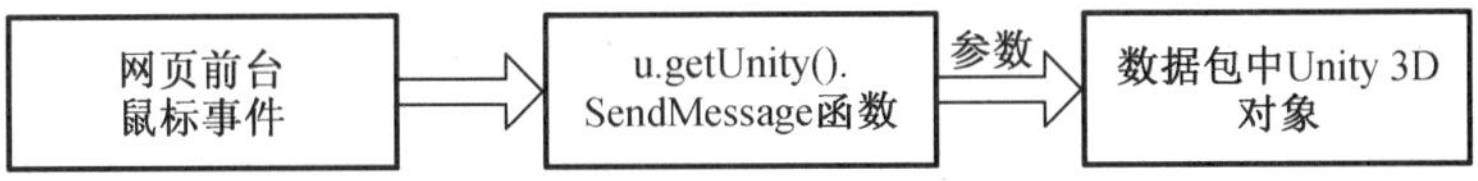

图 4 – 70　传参原理图

(2)后台到前台数据流

后台到前台数据流主要指后台数据包内的对象向网页传递消息，主要传递的是数据包内农机的坐标位置。其传参函数为 Application. ExternalCall (参数 1，参数 2，参数 3，…)，参数均为字符串类型，可以传多个参数，只要与前台网页内的函数名和参数列表一致即可。参数 1 指的是前台网页内的函数名；参数 2，3 等指的是函数参数列表里对应的参数。通过传参函数可以使农机的位置实时与导航小地图一致。传参原理如图 4 – 71 所示。

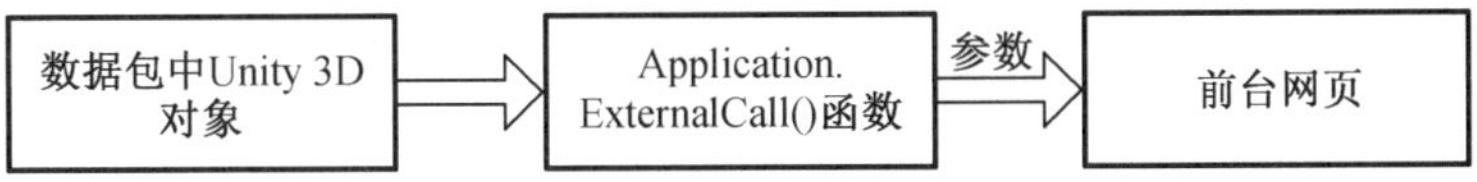

图 4 – 71　传参原理图

3. 树形结构的动态生成

农业机械种类较多，建立完整的虚拟农机库需要长时间的工作，本设计的技术思想是以撒肥机的仿真过程为技术路线，以后扩大平台规模时可以参照撒肥机的建立过程，缩短建库的时间。在 Web 平台的开发过程中，生成农机零部件的树形结构图需要将农机的零部件逐步拆解，每个零部件设置独立的 ID，如果每部农机都照此建立，费时费力。

为了方便树形结构的生成，结合网页前台 HTML 语言重复性强的特点，本设计将农机的结构信息存入 XML 文档，根据机械的结构建立父子关系，编写动态生成树程序，载入 XML 文件后，自动生成 HTML 语言，将生成的 HTML 语言直接拷贝至 Unity 3D 软件生成的 Web 页面里。如果需要更改机械结构或者加入新的机械，只需要更改或者创建农机相应的 XML 文档即可。生成树形结构后，利用 Web 前台后台传递中阐述的传参原理与后台数据包进行通信，完成交互的功能。最后生成的树形结构效果如图 4－72 所示。

图 4－72　树形结构效果图

4.7.3　仿真平台功能测试

撒肥机虚拟仿真平台搭建完毕后，需要对平台的各项功能进行相应的测试。通过对软件的测试，可以检测软件存在的缺陷，以及是否满足软件的设计和相应的需求。软件测试包括白盒测试、功能测试，其中功能测试也叫黑盒测试和性能测试。由于测试种类繁多，不能对每种测试的过程进行详细的叙述，因此本设计选择功能测试来阐述对撒肥机虚拟仿真平台的测试过程。

功能测试，从用户的角度来看，这样的测试方式是从输入数据与输出数据的对应关系开始的，将程序和系统作为一个黑盒子，不考虑程序的内部是如何运行的，测试只能在程序的接口检查程序功能是否正常，该程序是否能适当地接收输入数据和相应的操作产生正确的输出数据，以及正确的执行操作。

为了快速高效地完成功能测试，人们可以选择一款自动化测试工具代替繁重的手工操作。AutoRunner 是一个适合用于功能测试的工具，可以用来执行重复的手动测试。与手工操作相比，AutoRunner 可以迅速和批量地完成相应的功能点测试；它使用数据驱动和参数化的想法念，通过记录用户对软件的操作，软件会自动生成一个脚本文件进行自动化测试，然后让计算机自动执行脚本文件，这样可以达到提高测试效率，降低测试成本的目的；为了消除人工测试所带来的误差，可以针对相同的测试脚本，执行相同的动作；另外，在测试工作中机器完成了最枯燥的部分，减轻了测试人员的工作强度。测试完成以上工作后，可以对测试内容进行回放，得到测试日志信息，如图4－73所示。

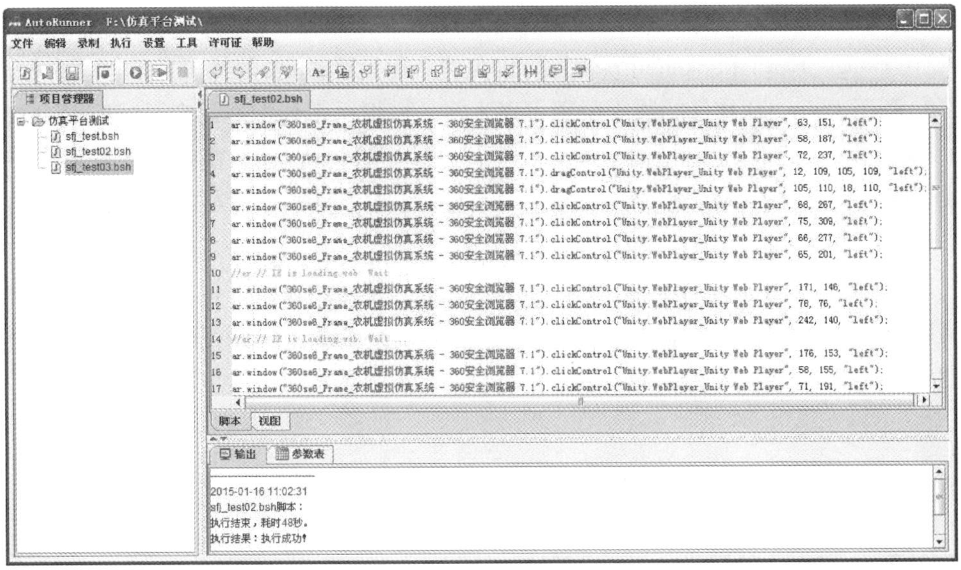

图4－73　测试日志信息

本例选取AutoRunner3.9.26版本，平台的运行环境是360安全浏览器7.1版本。打开仿真平台，场景加载完毕后，点击AutoRunner 3.9.26软件的录制功能，然后对仿真平台的各项功能进行测试，点击界面上的交互菜单，通过观察平台的相关功能是否正常来测试功能性，同时AutoRunner 3.9.26软件会将所有的操作记录为测试脚本文件。当所有测试操作完成后，保存为测试日志，可以通过反复执行测试日志来测试网页的稳定性。

通过使用AutoRunner 3.9.26可以对软件进行重复测试，减轻了手工的重复性操作，将测试日志的结果与功能的需求分析进行对比，查看二者结果是否一致。若一致，可以初步判断平台可以满足需求分析。若不一致的地方较多，需要回到开发阶段对系统的功能进行相应的修改。经过测试，撒肥机虚拟仿真平台的预期功能都已实现，符合设计要求。

4.8　本章小结

本章根据搜集的数据资料，使用了虚拟现实技术，结合多款工具软件，搭建了撒肥机虚拟仿真平台。根据设计需求，对虚拟仿真的关键技术进行了系统学习和理论研究，历经建模、编程、测试等阶段，最终实现系统的功能，以及农业机械的虚拟展示、虚拟作业等功能，推动农业生产的自动化和信息化。

通过查阅国内外关于虚拟农业与虚拟仿真和交互技术的相关资料，利用三维建模技术、编程技术、Web技术等完成了撒肥机虚拟仿真平台。经过功能测试，平台的功能达到了设计目标，运行良好的效果。

本章主要有以下几项研究成果。

(1)关于农业机械进行三维建模,设计了建模的精度标准,研究了一套建模的方法路线。Pro/E 和 3DS Max 的结合使用可以保证三维模型的精度,同时方便三维数据的格式转换。使用 Google Earth 和 SketchUp 软件可以免费获得地形数据,降低研发成本。

(2)利用 Unity 3D 软件的物理引擎可以真实地模拟一系列物理效应,如地形生成、水渠流动反光效果、重力效果、碰撞效果的实现等。通过编写相关算法,模拟传动过程和仿真作业,实现人机交互功能,用户可以通过鼠标、键盘、控制手柄等外设对虚拟场景里的物体进行操作控制,集虚拟展示与交互体验功能于一身。

(3)通过 Web 网页与 Unity 3D 进行通信,实现了交互式虚拟平台。平台既可以本地运行,又可挂载到现有的农业信息网站上。整个系统内容丰富,运行情况良好,具有较好的仿真交互效果。

5 喷灌车虚拟现实展示

随着农业的迅速发展,20 世纪初,我国就开始运用机械实行地面灌溉技术,为农业生产的自动化作业做出了重大贡献,同时可以避免水资源浪费、节省劳动力、增加农作物产量,在我国现代化农业生产中得到了重点推广。喷灌式灌溉是农业节水灌溉的方式之一,是通过具有动力设备的喷灌系统产生一定压力,将灌溉水由喷头喷出,形成水滴状态犹如降雨一般,均匀地洒落在土壤表面,为作物生长提供必要的水分。由于我国地域辽阔,各个地方经济水平与自然条件存有差距,因此采取因地制宜的方式选取不同喷灌设备才能提高灌溉效率。喷灌设备按系统种类可分三种:固定式喷灌系统、半固定式喷灌系统及移动式喷灌系统,简单介绍见表 5-1。

表 5-1 喷灌设备种类简单介绍

设备类型	简单介绍	适用范围	常用类型图例
固定式喷灌系统	除喷头外,各组成部分长年在灌溉季节均固定不动。干管和支管多埋在地下,喷头装在由支管接出的竖管上	适用于灌溉频繁的经济作物区(如蔬菜种植区)和高产作物地区	
半固定式喷灌系统	喷灌机、水泵和干管固定,而支管和喷头则可移动。其为多塔车自走式,即将装有许多喷头的薄壁金属支管支撑在若干个可以自动行走的塔车上	常用于大田作物	
移动式喷灌系统	动力机、水泵、干管、支管和喷头等均可移动	适用于灌溉次数较少的大田作物和规整地段	

本例选取的农田喷灌车属于喷灌式机车模型,带有行进轮、转向轮、动力机构和转向控制机构的车身及驾驶室,如图5－1所示。在车身上方设有容积7 m^3 的喷灌箱,机身左右两侧附带折叠式喷洒机械臂,机械臂总共分为四级,完全展开长达45 m,每一级机械臂的下方设有5个喷药嘴,喷药嘴通过药液导管和增压泵与喷灌药箱连接。在田间作业时,驾驶员驾驶喷灌车到达田间灌溉区域,将喷洒机械臂展开,增压泵将灌溉水从喷灌药箱中抽出,通过各级机械臂内置药液导管施加压力从喷嘴喷出,同时控制行进轮和转向轮沿洼背缓慢驾驶,避免压坏或压倒作物,适合面积宽广,规整有致的大规模农田作业。此型喷灌车优点是带有外置喷灌机械臂易于折叠节省空间,喷灌质量高,不会造成水流失,喷灌范围大,有利于科学用水还可综合利用,如施肥、喷洒农药等,操作简单,降低劳动强度,劳动效率大大提高,而且喷洒均匀不受地形起伏影响,易于控制。

图5－1　农田喷灌车模型

为了将此类型的喷灌车喷灌技术进行展示并推广,在计算机蓬勃发展的时代,利用虚拟现实技术进行仿真设计,无疑是一种快捷方便的高效率途径。通过使用虚拟现实手段制作出逼真的农田喷灌车模型,在虚拟的田间环境中,用户可以直接与场景中的喷灌车交互,结合鼠标键盘的控制,可对其实施推进、拉远、左右旋转观察,将喷灌车的细节全方位展示,其中包括机械臂在展开或闭合时液压管之间的承接,控制喷灌车转弯时轮胎的转向效果、水流喷洒的密度,以及地面在喷灌车喷灌前后干与湿的变化,使用户有种在虚拟空间中真实操控喷灌车的感受。制作这样一个虚拟仿真系统,不仅可以为农场观光旅游时产品展示创建虚拟平台,也可作为素材用于农场教学培训时的演示,推广此种农田喷灌车,可以让参观学习者在虚拟的三维场景中对农田喷灌车的农业生产活动进行实时观察。

5.1 农田喷灌车模型处理

5.1.1 单位设置

在一个大型场景的创建过程中，场景环境必须要使用一个统一的计算单位，这样无论在后期是模型装配还是进行模型大小比例关系度量，统一的单位设置会给工程中带来很多的便利。

打开 3DS Max，点击自定义（customize）选择系统单位设置（units setup），需要注意的是单位设置显示和系统单位设置意义不同，前者只是单位的一种表示，而后者才是衡量场景单位大小的标准。在单位设置显示面板中，选取正确合适的系统显示单位，通常从公制、美国标准、通用单位方法中选取。根据国内的情况，推荐使用公制单位，对于场景比较大的情况，可以使用 meter（米）为基本显示单位，而场景较小时，则可以使用 centimeter（厘米）为具体显示单位，如果是精细的产品模型建立，还可以把单位设置为 millimeter（毫米）。在单位设置对话框中可以调整系统单位比例，也就是设定一个单位等同于多大，和单位设置保持一致即可。本研究单位设置为 millimeter 最适宜，即单位设置显示（mm）= 系统单位设置（mm）。

5.1.2 模型优化

在通常情况下，模型在导入过程中，由于当前版本与所建模型版本不同会产生模型部分出现错误，比如破面现象，法线错误，贴图丢失等，而这些问题利用 3DS Max 常用建模工具即可解决，完善模型的操作步骤如下。

1. 尽量简化模型

选中喷灌车模型，右键单击“Convert to Editable Poly”将模型转换成多边形几何体，将喷灌车内部与设计无关的部分，以及看不见的面、模型之间的重叠面、物体相交的面删除，喷灌车模型中存在许多比较细小的结构，如螺栓和螺母，这些结构如果完全建模，面数过多，不仅占用过多资源，而且在仿真过程中也会因为显卡的计算误差而产生闪烁现象，可利用贴图的方法将其表现，因此在不影响喷灌车外观的前提下，将这些要求不高的细碎零件模型删除只留取喷灌车的外壳与重要的零件。

2. 将模型正反面统一

无论在 3DS Max 还是其他建模软件中，模型都有正反面之分，法线是用来描述面的朝向，朝外为正面，朝里为反面，若法线方向不同，则会导致模型焊接杂乱，对贴 UV 材质也有影响，在渲染时将不会赋予材质，在后期仿真时无法添加碰撞。选中模型反面，右击鼠标选择“法线翻转”（flip normals），保证模型所有面法线均朝上。法线翻转示意图，如图 5－2 所示。

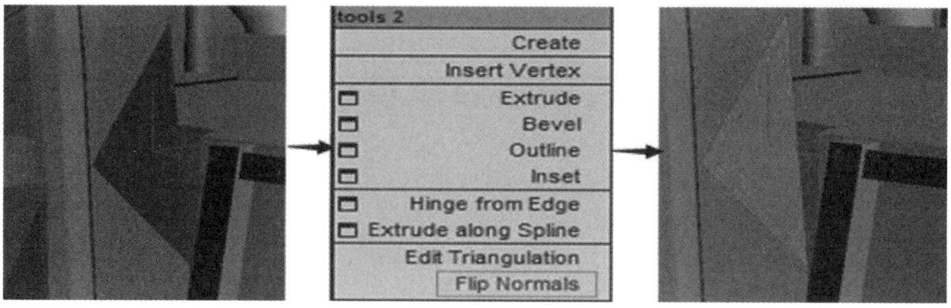

图 5－2　法线翻转示意图

3. 焊接模型

利用焊接修改器是解决模型破面问题的一种办法。选择点级模式(vertex)，点击焊接(weld)。根据点与点之间的距离设置焊接阈值，将两点变为一点时，会产生新的面，但是不可将阈值设置太高，阈值高会使过多的顶点汇聚在一起，导致模型产生扭曲，质量下降。本研究设置阈值在 0.1 以内，用于修补小范围的破面，如图 5－3 所示。而对于大面积的面丢失，直接采用顶点捕捉绘制多边形(poly)进行封面。

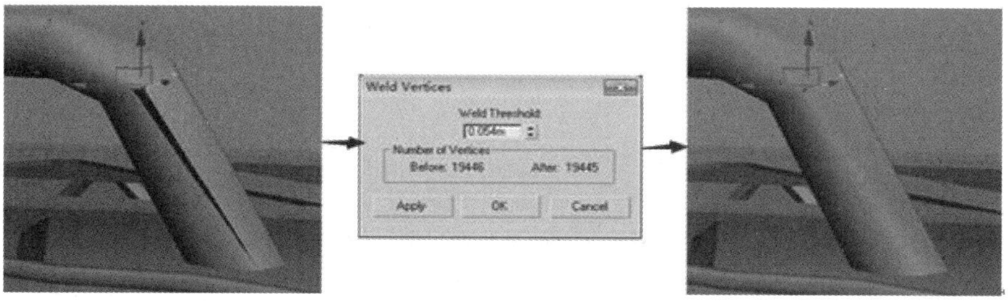

图 5－3　模型焊接示意图

4. 模型编组命名

将模型以组的形式分开命名，便于模型对象的选择，但对于没有贴图的模型来讲，打组时要考虑接下来贴图的复杂程度。根据本例模拟仿真部分的研究，将喷灌车无须添加仿真动作的部分，按照材质是否相同进行打组，例如喷灌车的车头与车身支架材质不同，要分开打组，需要独立完成模拟动作的部分无论材质是否相同都需分别编组命名，例如各级机械臂及连接的部分零件，轮胎等，这样使模型的各个部分在接下来模型导入和对象选择时清晰明了，其中需要模拟运动部分的零件展示及命名见表 5－2。

表 5－2　零件展示及命名

序列	中文名称		三维对象名	面数	实现动画	图例
1	液压外杆	一级	HyPreOut1	40	围绕轴心做旋转运动	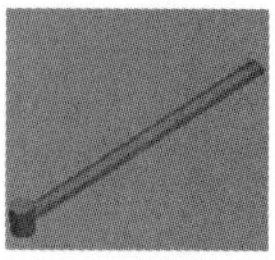
		二级	HyPreOut2			
		三级	HyPreOut3			

表 5 - 2(续)

序列	中文名称		三维对象名	面数	实现动画	图例
2	液压内杆	一级	HyPreIn1	38	由液压外杆伸出沿轴心旋转	
		二级	HyPreIn2			
		三级	HyPreIn3			
3	三角片	一级	Triangle1	72	链接液压杆与机械臂，沿轴心旋转	
		二级	Triangle2			
4	机械臂	一级	Arm1	1 089	围绕轴心做旋转运动	
		二级	Arm2	688		
		三级	Arm3	504		
		四级	Arm4	578		
5	车轮	左前轮	wheelFL	1 780	车开动时的车轮滚动及转向	
		右前轮	wheelFR			
		左后轮	wheelRL			
		右有轮	wheelRR			

模型处理完毕后的三维外观如图 5 - 4 所示。

图 5 - 4　模型处理完毕后的三维外观

5.1.3　材质处理

贴图是材质处理中的核心部分，一个完好的模型通常是“三分建模，七分贴图”，可见贴图的重要性。精美的贴图可以提高模型呈现的质感，在不增加模型烦琐程度的基础上突出表现模型细节，并可以创建反射、折射、凹凸、镂空等多种特效，比基本材质的表现更细致更逼真。

3DS Max 在对场景中的对象进行创建时，使用的是 *XYZ* 坐标空间，但对于位图和贴图来说，使用的是 *UVW* 坐标空间。在默认情况下，创建一个对象，系统都会为它指定一个基本贴图坐标。贴图坐标既可以以参数化的形式应用，也可在“*UVW* 贴图”修改器中使用，参数化贴图经常使用于基本几何体、放样对象，以及“挤出”“车削”和“倒角”编辑修改器，并在对象定义或编辑修改器中的“生成贴图坐标”复选框被选中时才有效。若想更好地控制贴图坐标就要使用“UVW 贴图”修改器，用户可以独立控制贴图的位置方向和重复值等，使模型集成化，贴图集成化，减小数据量。

喷灌车的模型复杂，若将每一部分的贴图都单独处理，加载时会造成极大的内存浪费。为了提高处理效率，节省程序运算空间，如果能读取一张贴图就完成一个模型，尽量不要读取多个贴图来浪费内存。利用 UVW 贴图编辑 UV 线框，将喷灌车的贴图数量减少到最少，即两张贴图，车轮一张贴图，车身、喷洒机械臂及各个零件为一张贴图，制作方法相同，以车轮为例，具体做法如下。

1. 编辑 UV 线框图

选择喷灌车车轮，为使画面整洁利于操作将其孤立(Alt + Q)，点击 Modifiers 工具下拉菜单中 UV Coordinates 中的 Unwrap UVW 选项，为车轮添加一个 UVW 修改器，在操作面板中单击 Edit，将 Edit UVWs 视窗打开，选择 Unwrap UVW 中 Face 级别，此时场景中被选择的部分显示为红色。在右侧参数展栏中包含 4 种贴图方式，分别为平面投影(planar)、球形投影(spherical)、柱形投影(cylindrical)、长方形(box)投影。这几种方式都是将贴图坐标投影到对象表面的方法，而最好的投影方法和技术依赖于对象的几何形状和位图的平铺特征。观察轮胎轮廓，轮胎的内外胎使用 Box 投影方式，轮胎的纹路部分使用球形投影方式，同时配合点线编辑模式及移动旋转缩放工具调整线框，使线框轮廓接近物体模型轮廓。在 UV 线框窗口选择棋盘格模式(checker pattern)可直观地观察 UV 坐标是否均匀，若不均匀，继续调整，形状越接近，棋盘格分布越均匀，贴出的效果越理想。当进行 UV 模板渲染时，为保证图形的完整性，在完成调整后，将所有的面规整的分布在 Edit UVWs 视窗中第一象限的框线内。UV 线框编辑展示，如图 5 - 5 所示。

在处理车身、喷洒机械臂及各个零件的 UV 线框图时，大致流程与上述车轮方法相同，但此部分面多，任务量大。为了减轻工作量，对称的部分可对模型的一半进行编辑，再利用工具栏中的镜像工具将模型复制，复制后在 Edit Geometry 展栏中点击 Attach 选项，选择另一部分与之相对称的模型，使它们附加于一体，最后在点级别编辑模式下，调节焊接阈值将物体焊接在一起，完成 UV 线框图的编辑。

即使是编辑一半的模型，面数还是很多，打开 Edit UVWs 视窗 UV 会杂乱地重叠在一起。其解决的办法是首先要对这些 UV 进行规整地分离和有序地排列，进入 UnwrapUVW 修改器下的“面”选择方式，在透视窗口中选择贴图相似部分的所有面，将它们放在一组进行操作。然后使用平面拟合的最佳对齐命令，这部分的 UV 就会被初步展开并分离出来，在 Edit UVWs 视窗中，使用菜单栏中 Tools 命令下的 Relax Dialog 工具，交替切换 Relax By Face Angles 与 Relax By Edge Angles 模式，使所选的 UV 展开到最佳效果。

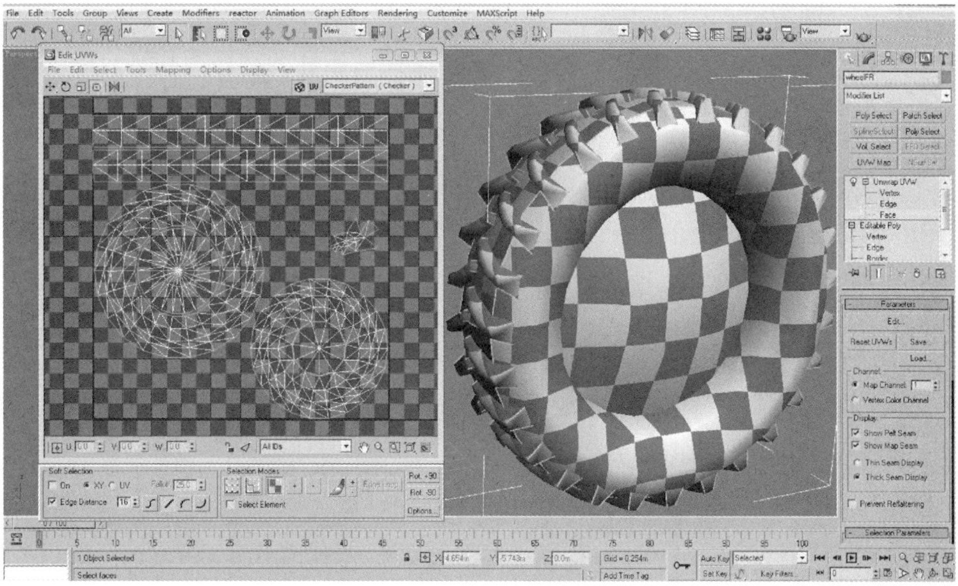

图 5－5　UV 线框编辑展示

2. 输出 UV 线框图

单击 Edit UVWs 视窗 Tool 菜单，选择 Render UVW Template 选项，在弹出的 Render UVs 视窗中，设置贴图尺寸宽（width）为 512，高（height）为 512，选择 Render UVW Template 按钮，在 Render Map 视窗中单击 Save Bitmap 按钮，将文件保存为 PNG 格式。

3. 填充 UV 线框图

使用 Photoshop 将 UV 线框图及收集好的材质文件全部打开，选择 UV 线框图。新建图层，填充背景为黑色，利用 Photoshop 常用选择工具，如套索工具、魔棒工具将素材可取部分复制粘贴到 UV 线框图上，并结合 Ctrl + t 调整形状放入对应的线框之中，保证线框填充饱满且没有填充至线外。为了使贴图更加美观，在图层面板中适当使用图层混合模式调节图层效果，全部完成后合并图层保存为 JPG 格式，尺寸为 512 × 512，制作车身与车轮完整贴图如图 5－6 所示。

图 5－6　车身与车轮完整贴图

4. 制作凹凸贴图

在建立车轮模型时，为了减少模型面数，采用平面贴图和凹凸贴图相结合的方法。法线贴图可以描绘每个像素的法线朝向，更好地表现凹凸细节，使模型具有类似多边形的效果，增加了物体细节的层次，实现车轮上的凹凸效果。利用 Photoshop 打开车轮贴图文件，点击滤镜工具，在下拉式菜单中选择 NVIDIA Tools 的法线贴图过滤器选项，在弹出的窗口中调节 scale 参数，此参数的数值表示 normal（法线）的凹凸程度，且勾选右边选项的 Average RGB 和 Unchanged，最后点击 OK 完成法线贴图参数设置，如图 5－7 所示。

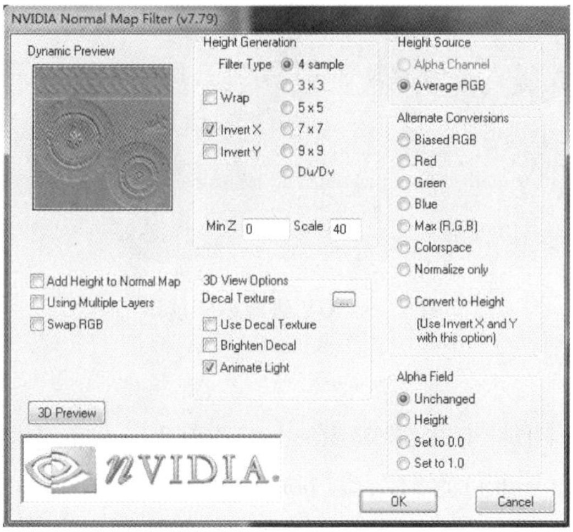

图 5－7　法线贴图参数设置

将完整的贴图保存，打开 Material Editor，选择材质球，单击位图贴图方式，将贴图打开并在场景中显示，将材质球拖拽至喷灌车，完整模型的最终效果如图 5－8 所示，分别由顶视图（top）、后视图（back）、左视图（left）、用户视图（user）呈现。

图 5－8　喷灌车完整模型最终效果

5.1.4　运动部件的轴心调整

旋转是依赖零件模型的自身坐标轴进行的，由于每一级的机械臂旋转的轴心都不相同，因此针对此喷灌车调整轴心是关键的一步。喷灌车机械臂总共分为四级，一级两副，分别架于机身两侧。在机械臂的运动仿真中，随着机械臂的逐级展开，大部分零件也要进行旋转运动，因此根据轴心调整的方法将内容分为两部分：机械臂的轴心调整与零件的轴心调整。

1. 机械臂的轴心调整

在 3DS Max 的场景中，采用右手系模式，默认 z 轴向上，喷灌车机械臂的旋转很显然是以自身 z 轴为旋转轴进行旋转的。因此，在工具栏中参考坐标系要由默认的视图坐标系（view）更改为局部自身坐标系（local）；其次需要注意的是，机械臂模型并不垂直于地面，而是向机身方向稍有倾斜，轴心坐标即使存在微小的误差都将导致机械臂展开时无法与地面平行，呈斜线状态。以一级机械臂轴心示意及展开效果为例，如图 5－9（左）所示，其轴心在圆钮的中心与下方绿色螺栓中间的连接线上，经过多次实践，若单凭肉眼及各个视角对轴心进行旋转移动的调整，效果并不理想，机械臂始终无法与地面呈平行状态，如图 5－9（右）所示。

图 5－9　一级机械臂轴心示意及展开效果图

为了使误差降到最低，选择通过辅助物体来调整轴心是一种既方便又合理的方式，做法如下。在场景中利用空间捕捉功能，在两点之间做一条辅助线并将其渲染，输入参数设置辅助物体长短粗细，多次调整。选择不同视角将辅助物体的轴心与机械臂 z 轴方向彻底重合，即辅助物体穿过圆钮的中心与下方绿色螺栓的中心，如图 5－10（a）所示。位置调整合适后，将机械臂附加至辅助物体上，使机械臂的轴心与辅助物体一致，绝不可混乱附加顺序将辅助物体附加至机械臂，否则会导致辅助物体轴心仍与机械臂原来的位置相同，使调整轴心毫无意义。最后利用可编辑多边形的元素，选择状态将辅助物体删除，展开效果如图 5－10（b）所示，其余机械臂也同样应用此方法来达到调整轴心目的。在所有轴心均调整好后，将文件导出保存成 FBX 文件格式，并在单位设置处选择以 cm 导出，并在导出窗口设置默认 z 轴向上。

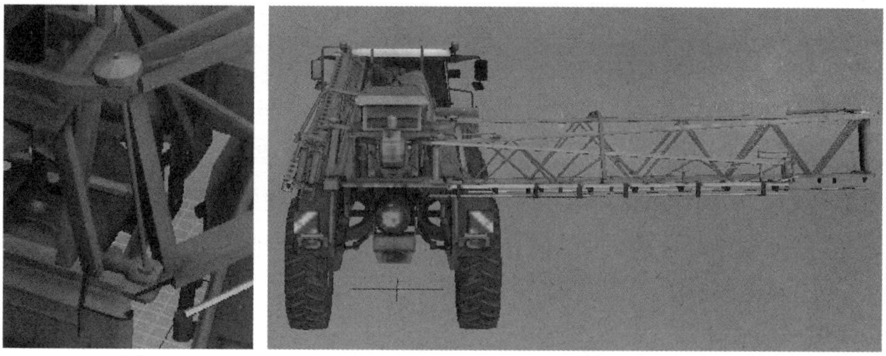

(a) (b)

图 5-10 机械臂轴心示意及展开效果图

2. 零件的轴心调整

连接各级机械臂之间的零件有液压内杆、液压外杆及三角片。调整零件的轴心较为简单,直接选中对象,进入 Hierarchy 面板,在 Adjust Pivot 调整轴点选项栏中单击 Affect Pivort Only 只作用于轴点,可以单独对物体的轴点进行变换控制。移动旋转轴点不影响对象和子对象,此时可根据零件的运动原理结合移动旋转工具选取合适的轴心位置,零件的轴心位置如图 5-11 所示。

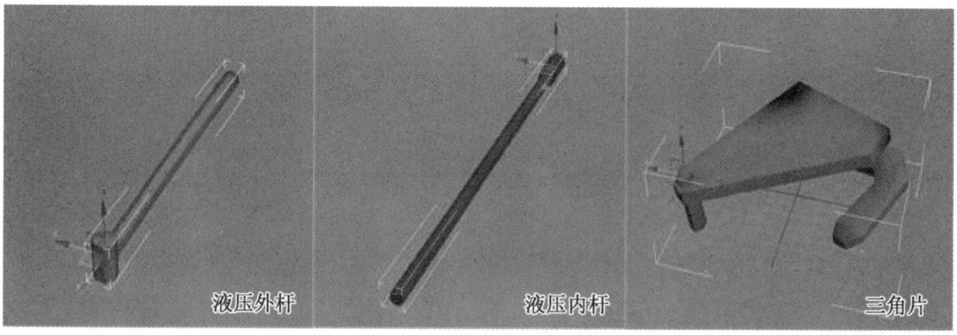

图 5-11 零件的轴心位置

5.2 模型导入

5.2.1 仿真软件确立

任何一个完整细腻的虚拟现实仿真系统都需要一个功能完善的应用开发平台。在虚拟现实应用开发中,良好的仿真开发平台不仅承担着三维图形场景驱动的建立和应用功能的交互实现,负责整个虚拟现实场景的开发、运算、生成,同时也是连接虚拟现实外接设备、构建数学模型和操纵数据库的基础平台。随着网络技术的发展,国内也涌现出很多虚拟现实平台,如 WebMax,VRPIE,Converse3D,但是与国外的相比还存在很大的差距。本研究选择 Unity 3D 作为仿真软件。众所周知,Unity 3D 是一个全面整合的专业游戏引擎,是一个可以轻松创建三维视频游戏,支持 Mac 和 Windows 网页浏览,拥有实时三维动画互动内容的多平台游戏开发工具,并利用交互的特性化开发环境为首要方式的软件。Unity 3D 不仅在游戏领域里有广泛的应用,还可以用于 3D 虚拟仿真、大型产品的 3D 展示、3D 虚拟展会、3D 场景导航,以及一些精密仪器的使用方法的演示等,其主要特性如下。

1. 地形编辑器

Unity 3D 内建强大的地形编辑器,支持地形创建和树木与植被贴片,也支持水面特效,即使低端硬件也可流畅地运行大量的植被景观。

2. 联网

Unity 3D 具有自带的客户端和服务器端,省去了并发、多任务等一系列烦琐困难的操作,可以简单完成所需的任务。

3. 物理特效

Unity 3D 内置 NVIDIA 强大的 PhysX 物理引擎,可模拟牛顿力学模型,通过计算重量、速度、摩擦力和空气阻力等变量来预测每一分钟不同条件下的效果。PhysX 可通过 CPU 计算,但在设计程序的同时,也可以调用独立的浮点处理器来进行计算,并且还可以在 Windows、Linux、Xbox360、Mac、Android 等在内的全平台上运行。

4. 资源服务器

Unity 3D 资源服务器拥有一个支持各种游戏和脚本版本的控制方案,使用 PostgreSql 作为后端,可保证在开发过程中多人并行开发,保证不同的开发人员在使用不同版本的开发工具所编写的脚本能够顺利的集成。

5. 真实的光影效果

Unity 3D 提供了具有柔和阴影与光照贴图高度完善的光影渲染系统。光照图(lightmap)是视频游戏中所有面的光照信息的一种三维引擎的光强数据集合,lightmap 是预先进行计算的,而且需用在静态目标上。

5.2.2　模型导入参数设置

将模型导入 Unity 3D 的方法有两种,一种方法是将 Unity 3D 打开,右击 Assert 选择 Import New Asset 选项,在弹出的对话框中选择喷灌车的 FBX 模型,单击 Import 导入至 Unity 3D 中;另一种方法是直接将 Assert 文件夹在资源管理器中打开,将喷灌车 FBX 模型文件直接复制到 Assert 文件夹中,完成导入后,在 Unity 3D 的 Project 面板下,可看到喷灌车的材质 Materials 文件夹及喷灌车预制件。

首先,将预制件拖拽至场景(scene)中,调整模型的尺寸。在默认状态下,Unity 3D 系统的一个单位(1unit)等同于 1 m。若在导出 FBX 文件时忽略了单位设置选项,在 Unity 3D 场景中模型会比例失调,此时放大模型有两种方法:一种方法是修改 FBX Importer 中缩放因子的数值(默认为 0.01),将缩放因子的数值恢复为 1,这种做法会占用模型自身资源,比较浪费物理缓存;另一种方法是从 Hierarchy 面板中选中对象,使用 Scale 同时放大 x,y,z 的值,这种方法消耗的资源较少,同时也可通过脚本进行控制,十分便捷。但在 Unity 3D 官方文件中认为,在理想情况下,尽量避免改变模型尺寸 Scale 的数值,特别是涉及一些有关物理特效模拟时,额外的缩放数值会产生不必要的计算,降低计算速率。因此,喷灌车模型在建立时使用实际尺寸,以 cm 为单位导出,在 Unity 3D 中,右侧 Inspector 面板里的缩放因子默认为 1,即放大了 100 倍,达到理想效果。

其次，利用 Unity 3D 的材质通道为喷灌车贴图。在 Unity 3D 中材质着色器和纹理都是以资源的形式存在，无论是 Unity 自带的立方体，还是从外部导入进 Unity 3D 资源的模型，在 Inspector 视图中网格渲染(mesh renderer)下的材质选择可以选取材质。若模型为内部创建，材质着色器可在 Project 视图中建立，而纹理则一般在外部进行处理之后导入 Unity 3D，而像喷灌车的这种模型在 3DS Max 里赋予材质之后，无论通过任何方式导入到 Unity 3D 中，都是没有材质的，Unity 3D 会自动生成材质球，只需将贴图重新设置一遍即可，再根据需要选择使用材质球下 Shader 选项中的某一种纹理来定义物体的外表。常用的三种 Shader 类型分别是 Diffuse、Diffuse Bumped、Bumped Specular，其功能简单介绍见表 5－3。

表 5－3　常用的三种 Shader 类型功能简介

类型	名称	功能
Diffuse	漫反射	基于一个简单的光照模型 Lambertian，光照强度随着物体表面和光入射角夹角的减小而减小(光垂直于表面时强度最大)。光照的强度只和该角度有关系，和摄像机无关
Diffuse Bumped	凹凸反射	基于 Lambertian 光照模型，同时使用了 normal mapping 技术来增加物体表面细节。在 normal mapping 中，每个像素的颜色代表了该像素所在物体表面的法线，然后通过这个法线(而不是通过物体模型计算而来的法线)来计算光照
Bumped Specular	高光效果	和 Specular 一样的光照模型，使用一张 Tangent Space Normal Map 描述物体表面法向量的变化来增加物体细节

在 Project 面板下选择喷灌车 Materials 文件夹下的材质球，车身部分的材质球的 Shader 材质通道设置为 Diffuse，轮胎材质球 Shader 材质通道设置为 Diffuse Bumped，并选择相应材质，如图 5－12 所示。

图 5－12　轮胎材质球 Shader 材质通道设置

5.3　农田喷灌车机械运动模拟

5.3.1　喷洒机械臂层次关系分析

通过对机械臂的运动观察发现,喷洒机械臂的运动仿真比较复杂,机械臂上的各个零件从严格意义上讲并不存在真正意义上的简单“平移”运动。其位置的移动都是由于其他零件的旋转带动的,常规的平移和旋转复合算法无法实现这一效果。因此,模拟机械臂的展开过程首先要确定各级机械臂的父子关系。在合理规划机械臂相关零件的父子关系的基础上,利用对父物体的旋转,从而带动子物体的位移。这种方法使得后面的仿真算法得到了大幅度简化。

当父子关系确立后,子物体会随着父物体的位移和旋转做出相应变化,但子物体的改变与父物体无关,如同我们的手臂,小臂运动时大臂不受影响,而大臂运动时必然带动小臂的运动。任何物体都可以拥有一个或几个子物体,但是父物体是唯一的。根据父子关系特性及机械臂的运动过程分析,各级机械臂的父子关系展示图,如图 5 – 13 所示。

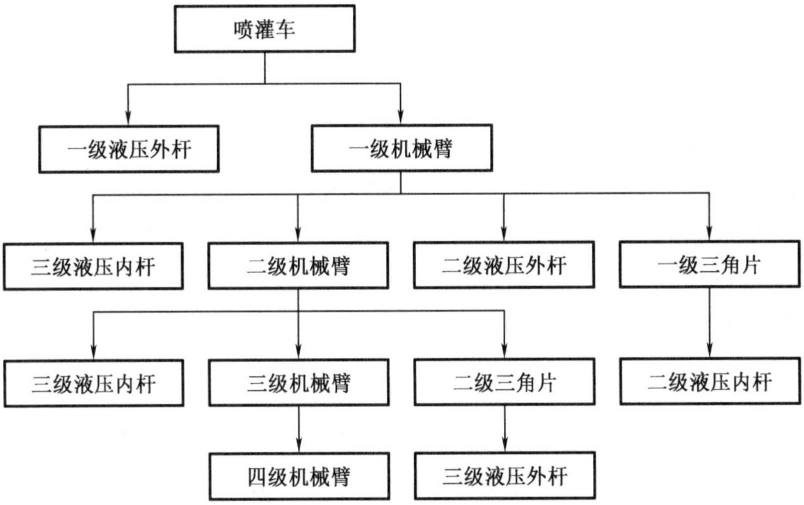

图 5 – 13　父子关系展示图

在 Unity 3D 中,创建一个父子关联关系是通过在 Hierarchy(层级视窗)中将子对象拖放到父对象之上完成的。若查看,展开折叠在层次视图中的上下父子物体即可,建立完成的各级机械臂父子结构如图 5 – 14 所示。

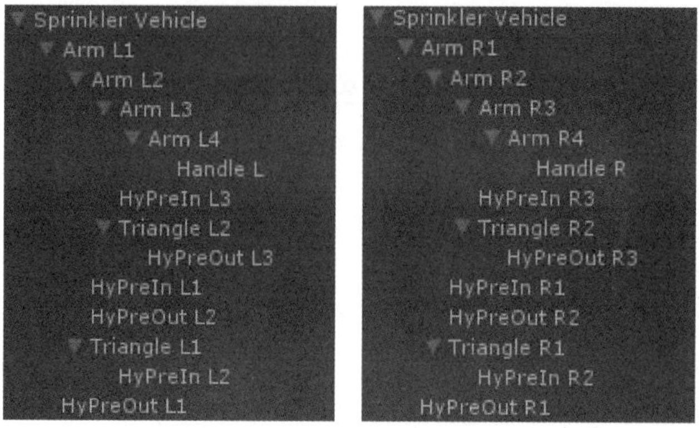

图 5－14　各级机械臂父子结构示意图

5.3.2　展开与闭合效果实现

当喷灌车工作时，机械臂通过链接车身与机械臂的液压杆获取展开的动力，向外侧以折叠方式一级一级展开，左右两侧同时同步，当全部张开时，暂停运动。为了达到机械臂的外观动作仿真要求，即可通过动画编辑进行各部件的静态仿真，也可在了解机械臂的内部动力原理基础上，分析机械臂投影的边角关系进行实时的动态仿真。

1. 动画静态实现

在 Unity 3D 的动画编辑机制中，任何可编辑动画属性都具有动画曲线（animation curve），也就是动画剪辑组件的全部属性。因此，机械臂的连贯运动可通过描绘机械臂及其各部分零件的动画曲线完成。在动画面板（animation view）的属性中，动画曲线是彩色曲线图标。动画曲线由多个控制点（key）控制。在曲线编辑时，这些在曲线上的控制点是可视的。在时间轴上标记一个或多个具有一个键的帧被称为一个关键帧。通过关键帧与时间轴的控制，完成机械臂的各个对象的定点控制，达到一个静态运动过程。下面介绍具体做法，由于喷洒机械臂左右对称，选取右侧进行说明。

（1）一级机械臂（Arm R1）展开

HyPreOut R1 通过内部压力将 HyPreIn R1 顶出，HyPreIn R1 的运动推动 Arm R1 运动，这一过程如图 5－15 所示。

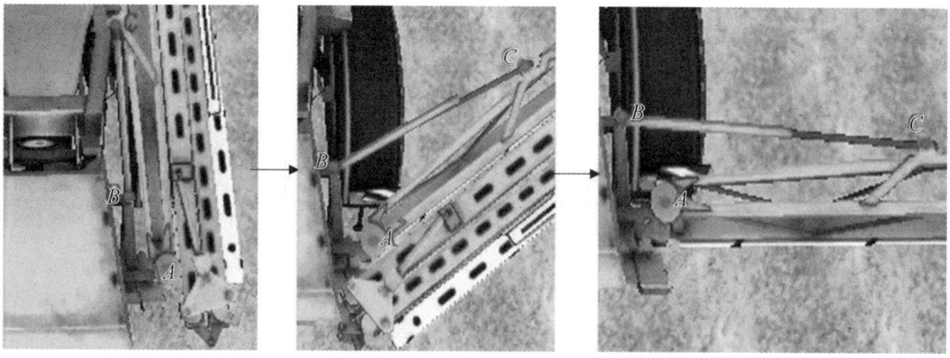

图 5－15　一级机械臂的展开过程示意图

由图所知，HyPreOut R1 绕轴心点 B 顺时针运动，HyPreIn R1 绕轴心点 C 顺时针运动，Arm R1 绕轴心点 A 顺时针运动。当 Arm R1 与车身呈 90°角时，停止运动。在整个展开过程中，HyPreOut R1 与 HyPreIn R1 时刻相对，显然 HyPreOut R1、HyPreIn R1 与 Arm R1 三者的转速是不同的。实现这一过程的模拟具体做法如下。

点击层级面板中 HyPreOut R1 为对象，选择工具栏中 Windows 下的 Animation 面板，在打开的面板里就可以看到该对象所有可动画的属性。为了让工程面板看起来结构清晰，首先要创建一个新的动画片段（animation clip）。在弹出的窗口中创建一个文件夹封装所有动画文件，命名为 Animation。动画创建成功后就会以组件（component）的形式附加到所选对象上，这样使整个场景里的各种资源易于管理。HyPreOut R1 是在 z 轴方向上发生了旋转，因此在 Transform 属性中 Rotation. z 单击左键添加曲线。在录制状态下，在第 0 帧处添加关键帧，记录静止状态，在第 200 帧处添加关键帧，同时结合 Scene 窗口观察利用旋转工具将 HyPreOut R1 旋转至与车身呈 90°，记录旋转状态，此时 Unity 3D 会智能计算出中间任意时刻的旋转角度，将其连接显示在动画窗口的参数动画曲线面板中，如图 5－16 所示。

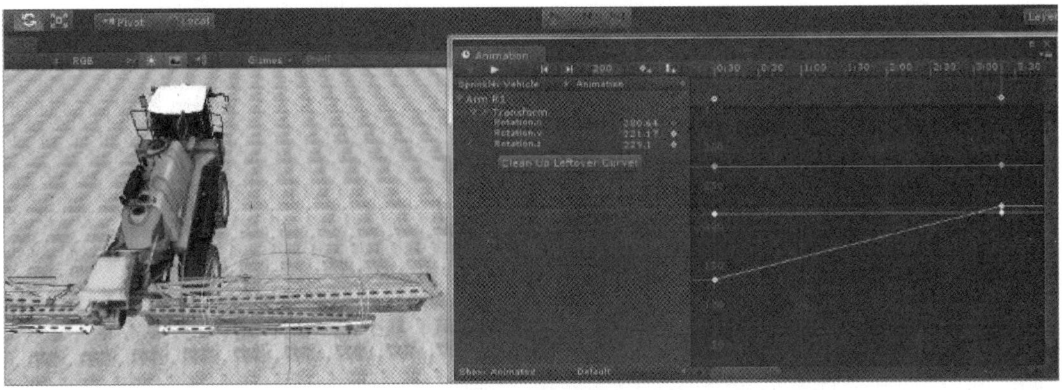

图 5－16　一级机械臂动画曲线

Arm R1 的运动完成，接下来是 HyPreOut R1 与 HyPreIn R1 的运动。HyPreIn R1 作为 Arm R1 的子物体，跟随着 Arm R1 运动。为了使 HyPreOut R1 与 HyPreIn R1 保持时刻相对，考虑两者的转速不同，若用动画实现起来在动画编辑上会因为添加许多关键帧而造成很大的资源浪费，因此利用动画编辑曲线不是一个好选择，而是采取编程的方法。利用 Transform. LookAt( ) 注释函数，当该对象设置了 LookAt 并指定了目标对象时，该对象的 z 轴将始终朝向目标对象。这样一来，令 HyPreOut R1 作为目标物体，HyPreIn R1 指向 HyPreOut R1，再令 HyPreIn R1 作为目标物体，HyPreOut R1 指向 HyPreIn R1，即 B 点与 C 点的坐标 z 轴相对，达到互相注视同步运动的效果，关键语句如下。

```
HyPreOut R1. transform. LookAt( HyPreIn R1 );
HyPreIn R1. transform. LookAt( HyPreOut R1 );
```

(2)二级机械臂(Arm R2)展开

HyPreOut R2 获得动力将内置其中的 HyPreIn R2 顶出，HyPreIn R2 的运动带动 Triangle R1 的逆时针旋转，同时 Triangle R1 的运动带动 Arm R2 的展开，这一过程如图 5 – 17 所示。

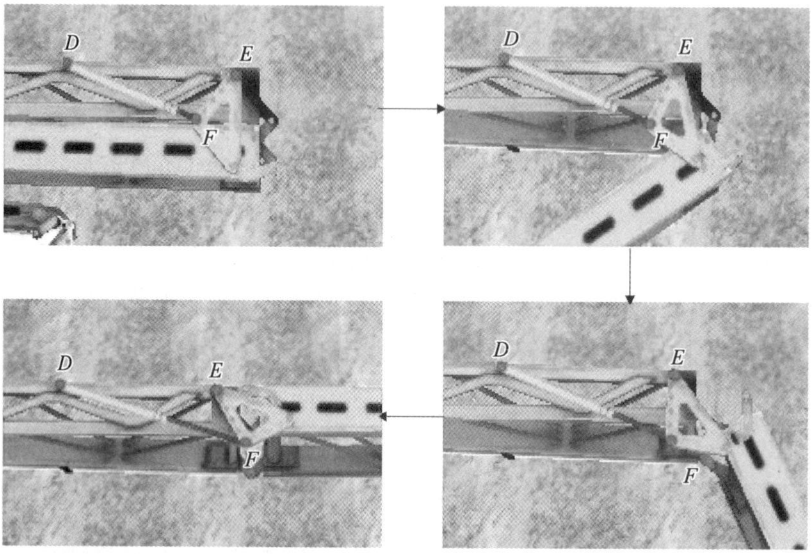

图 5 – 17　二级机械臂的展开过程示意图

如图 5 – 17 所示，HyPreOut R2 轴心点为 *D* 点，HyPreIn R2 轴心点为 *F* 点，Triangle R1 围绕轴心 *E* 点逆时针旋转，当 Arm R2 与 Arm R1 夹角呈 180°时，停止运动。根据二级展开的父子关系，选取 Arm R2 与 Traingle R1 分别作为动画编辑曲线的对象，此时时间轴从第 200 帧开始记录当前静止状态，将时间轴拉动至第 400 帧位置添加关键帧，同时结合 Scene 场景中利用旋转工具将 Traingle R1 与 Arm R2 旋转至最终位置，保存记录当前状态。Traingle R1 与 Arm R2 的动画曲线及当前状态分别如图 5 – 18 和 5 – 19 所示。

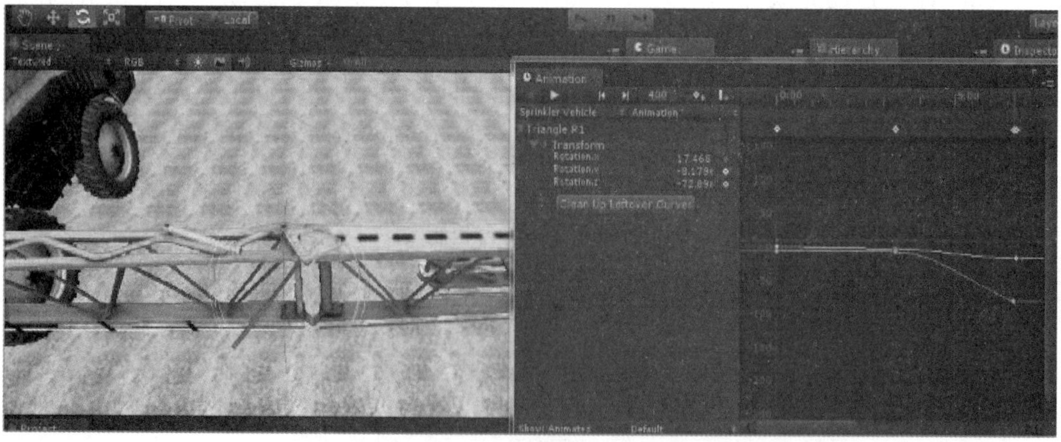

图 5 – 18　一级三角片动画曲线

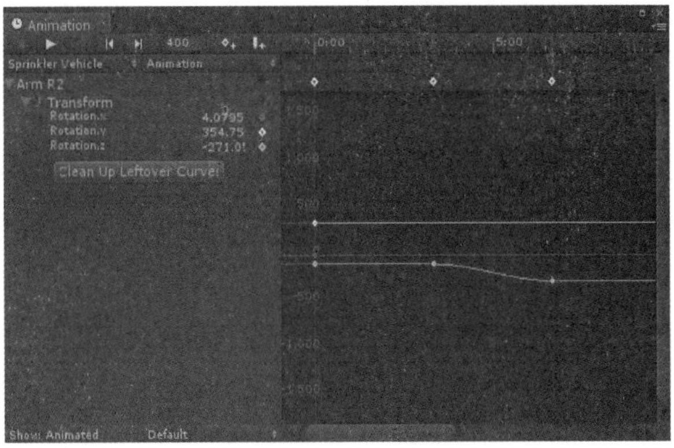

图 5-19　二级机械臂动画曲线

此时的 HyPreIn R2 跟随父物体 Arm R2 的运动发生位移，同样地，为了使 HyPreOut R2 与 HyPreIn R2 时刻相对，可继续利用 Transform. LookAt( ) 函数编程达到目的。需要注意的是，Transform. LookAt( ) 函数将物体旋转并约束 z 轴指向目标物体，这不仅需要物体本身的轴与 Unity 3D 自身坐标轴向保持一致，还需要指向物体与被指向物体的 z 轴相对，若没有满足以上两点，点击运行时，由于 z 轴受到注视约束，物体会根据轴的变化进行翻转或偏移，造成混乱。解决此问题的方法是建立空物体(game object)，将空物体置于目标物体下，重置位置(reset position)，保持空物体与目标物体的位置相同，再将空物体拖拽出，利用旋转工具调整轴心，使 z 轴相对，完成后将目标物体置于空物体下，这样空物体即可代替目标物体进行注视动作，而空物体下的物体在运行时不受任何影响。

(3)展开最终效果

Arm R3 的展开与 Arm R2 展开的原理相同，而 Arm R4 作为人为手动的备用机械臂不存在复杂的运动关系，在此不做详细介绍。由于每 200 帧作为一个机械臂运动的展开周期，因此 Arm R3 的关键帧为第 600 帧，Arm R4 的关键帧为第 800 帧。当时间轴由第 0 帧移至第 800 帧，机械臂完整展开，展开的最终效果如图 5-20 所示。

图 5-20　机械臂完全展开的最终效果

(4)闭合实现

在动画组件中，通过调整 Animation 下的 speed 参数可控制时间轴的运动速度及运动方向。若 speed 参数设置为 1，时间轴由左至右帧数增加的方向运动，机械臂呈展开趋势；若 speed 参数设置为 -1，时间轴由右至左帧数减少的方向运动，机械臂呈闭合趋势。关键语句如下。

animation["Animation"]. speed = 1;

animation["Animation"]. speed = -1;

(5)添加键盘事件

当实际操作农田喷灌车作业时,通过按下某一按钮完成机械臂的展开与闭合。而在计算机虚拟仿真过程中,计算机键盘就相当于控制按钮,若将键盘上的某一按键赋予意义就要添加键盘事件。Input 输入对象作为系统的输入接口,是外部事件信息与系统联系的纽带与桥梁,和键盘有关的输入事件均通过 Input 类完成,包括按键按下、按键释放、按键长按,具体介绍见表 5-4。

表 5-4　Input 类中键盘输入的方法

方法名	含义
GetKey	按键按下期间返回 true
GetKeydown	按键按下的第一帧返回 true
GetKeyup	按键松开的第一帧返回 true
GetAxis("Horizontal")和 GetAxis("Vertical")	用方向键或 WASD 键来模拟 -1 到 1 的平滑输入,Horizontal 控制 X 轴、Vertical 控制 Y 轴

以上方法通过传入按键名称字符串或者按键编码 KeyCode 来指定要判断的按键。本研究利用 GetKey 方法并选取按键 Q 为控制机械臂的展开按键,按键 R 为控制机械臂闭合按键,关键语句为:

animation["Animation"]. speed = 1;animation["Animation"]. speed = -1;

2. 实时动态实现

上一小节介绍了利用动画曲线的方法实现仿真的做法操作简单,但是静态一次成型的特点使动画播放过程中不可随时改变。若利用分析机械臂及零件旋转角度之间的动态关系进行计算将其模拟,虽然稍有复杂但可对机械臂直观地进行实时操控,以一级机械臂为例,如图 5-21 所示。

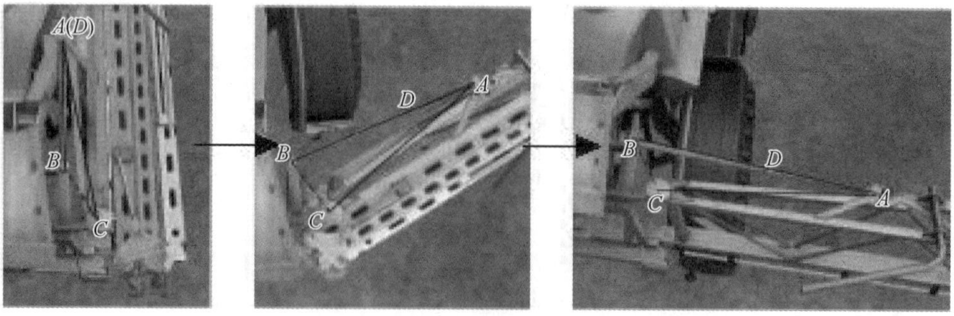

图 5-21　一级机械臂的展开过程示意图

显然 HyPreOut R1 与 Arm R1 的转速不同,HyPreIn R1 作为 HyPreOut R1 与 Arm R1 的

衔接体,从仿真的角度分析,只要保证旋转过程中 HyPreOut R1、HyPreIn R1 时刻处于同一直线,利用父子关系和旋转运动相结合的思想即可模拟出 HyPreIn R1 的伸缩运动。

首先要利用数学方法了解各个部分的旋转角度关系。将各物体垂直投影到平面,结合图 5－20 制作投影关系图如图 5－22 所示,辅助点代表含义见表 5－5。

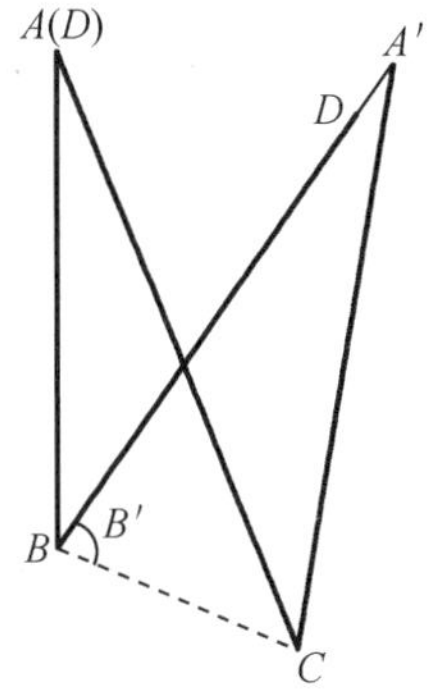

图 5－22　一级机械臂投影关系图

表 5－5　辅助点含义对照表

辅助点	代表含义	Unity 中实现方法
A	HyPreIn R1 的顶点	建立四个空物体,调准位置,定义成 Transform 类型,利用 transform. FindChild( )获取点
B	HyPreOut R1 的轴心点	
C	Arm R1 的轴心点	
A'	A 点到达的位置	
AB	HyPreOut R1 的长度	利用 localPosition 获取点的 x、y、z 坐标,用两点之间的距离公式求得两点之间的距离。
BC	HyPreOut R1 的轴心点与 Arm R1 的轴心点之间的距离	
AC	HyPreOut R1 的顶点与 Arm R1 的轴心点之间的距离	
CD	HyPreOut R1 的顶点与 Arm R1 的轴心点之间的距离	

三角形 ABC 为机械臂静止时辅助点形成的关系,三角形 BCD 为机械臂转过一定角度时形成关系。将 CD 旋转的角度设为随着每一帧逐渐增加的角,即 $\angle C$ 作为主动角。随着主动角每一帧的角度变化,求得 HyPreOut R1 和 HyPreIn R1 转过的角度,保证 A、B、C 始终构成三角形,具体数学计算方法如下:在三角形 ABC 中,已知 AB、BC、AC,利用余弦定理求出 $\angle A$、$\angle B$、$\angle C$。

在三角形 BCD 中,已知新的角 C 为 new$\angle C$,已知 BC、$A'C$,求得 $\angle A'$、$\angle B'$。

这样一来,随着一级机械臂旋转的角度增加,HyPreOut R1 转过的角度为 $\angle B - \angle B'$,HyPreIn R1 相对于一级机械臂转过的角度为 $\angle A' - \angle A$。

有了上述理论基础,设计在 Unity 3D 中的编程思想,以一级机械臂为例,HyPreOut R1 最大的转角为 90°,这一编程思想的流程如图 5－23 所示。

关键语句如下。

AB = Mathf. Sqrt(Mathf. Pow (A. localPosition. x – B. localPosition. x,2) + Mathf. Pow(A. localPosition. z – B. localPosition. z,2)) ;

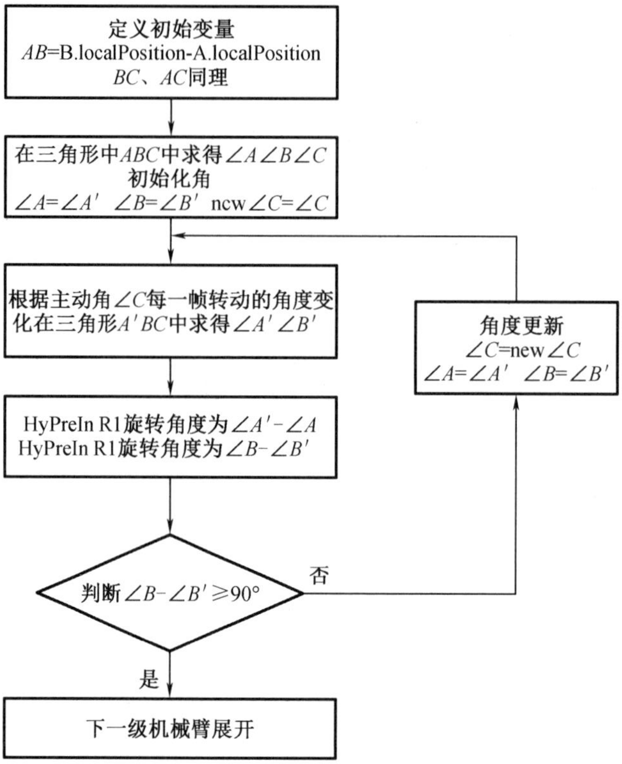

图 5–23　机械臂展开编程思想流程图

AngleA = (Mathf. Acos((Mathf. Pow(AB,2) + Mathf. Pow(AC,2) – Mathf. Pow(BC,2))/(2 * AB * AC))) * Mathf. Rad2Deg;

newAngleC = newAngleC + AngleStep * Time. deltaTime;

HyPreOut1. Rotate(new Vector3(0,0,1),AngleStep * Time. deltaTime);

3. 喷灌车行驶模拟

在实际操作喷灌车田间作业时,工作人员根据需要驾驶喷灌车行驶到达目的地,在行驶仿真过程中,用户可根据键盘的方向键(或 WASD 键)直观操控喷灌车的前行、倒退、左转、右转。

现实生活中的所有事物都遵循自然界的物理法则,要达到模拟现实逼真的效果必须有同自然物理法则相对应的物理引擎做辅助。Unity 3D 游戏引擎内置的 PhysX 物理引擎是 Unity 3D 的核心部分。物理引擎通过为已带有刚体组件的对象赋予真实物理特性的方法来计算他们的移动、旋转和碰撞效应。Unity 已经将该物理引擎完美地集成起来,因此在开发过程中,使物体按照物理运动规律进行运动的操作变得方便简单。

(1)碰撞器的选择

检测两个对象之间是否存在物理接触,可判定碰撞的发生与否。在 Unity 3D 中,使用碰撞器组件包裹在对象表面，用来负责与其他对象的碰撞，因此要实现碰撞检测，就要给所需对象添加合适的碰撞器。Unity 3D 中内建的碰撞器主要包括六种，具体情况见表 5 – 6。

表 5 – 6　碰撞器种类对比

碰撞器种类	碰撞器原型	特点	适用范围
盒子碰撞器 BoxCollider	基本的方形碰撞器原型	可被调整成不同大小的长方体	适用于较规则的物体，用于门、墙、平台等
球形碰撞器 SphereCollider	基本的球形碰撞器原型	在三维上可以均等调节大小，但不能够改变某一维	适用于落石、乒乓球、弹球等
胶囊碰撞器 CapsuleCollider	由一个圆柱体连接两个半球体组成	半径和高度均可单独调节	用于角色控制器或者和其他碰撞器结合用于不规则形状
网格碰撞器 MeshCollider	利用一个网格资源构建	精准性高，通过 Transform 属性设定位置和大小比例	用于复杂的网状模型
车轮碰撞器 WheelCollider	基本圆形原型	具有内置检测器、车轮物理引擎和基于滑动的轮胎摩擦模型	专为有轮子的车辆设计
地形碰撞器 TerrainCollider	基本地形原型	防止添加刚体属性的对象无线下沉	作用于地形与其上的物体之间的碰撞

根据上表各种碰撞器的特点，本研究控制轮胎的滚动及轮胎的转向由 Unity 3D 自带的物理组件车轮碰撞器（wheel collider）完成。

车轮碰撞器是一种针对地面车辆而言的特殊碰撞体，专门为有轮子的车辆设计，它具有内置的碰撞检测系统、车轮物理引擎及一个基于滑动移位的轮胎摩擦参考体。

（2）车轮的碰撞检测

通过从局部坐标 Y 轴向下投射一条射线，以检测是否与地面接触，并且车轮中心有一个可向下延伸的半径，相当于悬挂距离，可通过调用脚本中不同的属性值来对车轮进行逼真的效果模拟。这些属性值有电机转矩（motorTorque）、制动转矩（brakeTorque）和转向角（steerAngle）。车轮碰撞器与物理引擎的其余部分相比，是通过一个基于滑动摩擦力的参考体来单独计算摩擦力的，即车轮碰撞器从物理引擎静止分开计算摩擦力。这会产生更逼真的互动效果，但也致使车轮碰撞器不受基本的物理材质设置影响。

（3）车轮碰撞器的设置

绑定了车轮碰撞器的对象相对于车辆本身而言是固定的，不需要通过调转或滚动对象自身来控制车辆。若想实现车轮的调转及滚动，按照传统思想，给车轮赋予车轮碰撞器属性的做法是直接选中车轮添加属性，但是此过程无法实现车轮的运动效果。这是因为前文已经提到车轮的碰撞检测是通过自身 Y 轴的中心向下，投射一条射线，而轮子滚动时，轴心也随之旋转，这与车轮碰撞器的自身 Y 轴方向不变相违背，产生冲突，无法通过代码捕获它的转速。因此解决此问题最好的方法就是将车轮碰撞器与可见轮子分开设置，其具体做法如下。

点击工具栏中 Component 组件打开 Physics 面板，在每一个车轮上添加 WheelCollider 属性，建立空物体，选择车轮，将 WheelCollider 属性复制，粘贴至空物体，重新命名，再将轮子上原有 WheelCollider 删除，为了利于观看查找，可再建两个空物体，分别放置车轮与车轮碰撞器，如图 5－24 所示。

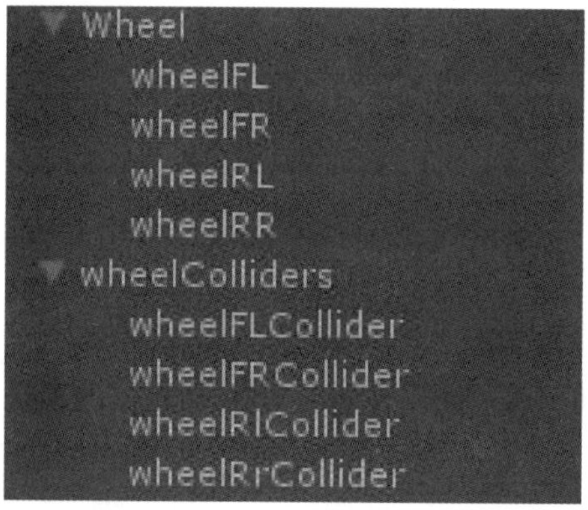

图 5－24　车轮碰撞器结构示意图

3. 行驶效果实现

农田喷灌车的行驶模拟主要体现在车轮的控制。车轮控制主要分三个部分，车轮的滚动、调转及停止。已添加完 WheelCollider 属性的农田喷灌车具有轮胎支持力、轮胎转数、轮胎摩擦力、前进动力及悬架避震系统。轮胎摩擦力对于本身而言具有两种方向，横向（转动）与纵向（滚动），任何一种方向的摩擦都存在一种曲线，能够显示车轮和地面接触的滑度与碰撞所产生的力度相互关联的情况。悬架避震系统主要用来解决路面不平而给车身带来的冲击，该系统往往用于车速很快的情况下，通常用来模拟真实的赛车游戏，本研究不以游戏为目的，不考虑车轮胎行驶时受摩擦力与地面不平的影响，所以不做这两部分特别模拟。此时将农田喷灌车赋予重力，添加刚体（Rigidbody），运行时 WheelCollider 会将整个车体托住而不会下沉。若想使车辆运动起来，就要有克服各种阻力的驱动力，若想停下来，就需要刹车制动，因此设前轮为驱动轮，后轮为制动轮，并利用脚本编程调用属性来控制喷灌车的前进、后退及停止，其操作控制方法见表 5－7。

表 5－7　喷灌车行驶控制方法

实现效果	控制按键	使用属性	中文描述
前进	↑或 W	motorTorque	在转轴上的电机力矩，为正向前，为负向后
后退	↓或 S		
左转	←或 A	steerAngle	控制转向角度，总是围绕 Y 轴
右转	→或 D		
停车	Space 空格键	brakeTorque	刹车力矩，必须为正

在 Unity 3D 中，车辆刚体上的全部外力都会被作用到质心，再根据附加在刚体上的碰撞器计算质心，不管是同一个作用对象还是它的子对象，都需要定义喷灌车的质心(centerOfMass)，这样才能保证喷灌车在转弯时不会发生空翻。车辆的重心由很多因素决定，不同的车辆质心位置差异很大，而大多数车辆的质心靠近引擎的位置。本研究设置质心方法为沿 Y 轴设值为 0.1，其余轴设值为 0 即可。由于喷灌车行驶于农田之间，要保证喷药效率，车速不宜过快，在仿真过程中，为了保持车速平稳，摩擦力及悬架避震值均默认不变，脚本中主要用到的变量介绍见表 5－8。

表 5－8　喷灌车行驶控制脚本变量说明

变量名	意义	变量名	意义
maxTorque	最大驱动力	maxBrakeTorque	最大刹车力矩
maxSpeed	最大速度	maxBackwardSpeed	最大后退速度
currentSpeed	当前速度	FullBrakeTorque	完全刹车扭矩
maxSteerAngle	最大转向角	maxSpeedSteerAngle	行驶最大转向角

根据数学公式，线速度(currentSpeed) = 周长($2\pi r$) × 转速(n)，其中 r 利用 WheeCollider 中 radius 属性获取，n 通过 rmp 属性获取，通过对当前速度的判断，将 motorTorque 与 brakeTorque 属性结合使用，完成喷灌车的前进与后退，行驶控制编程思想如图 5－25 所示。

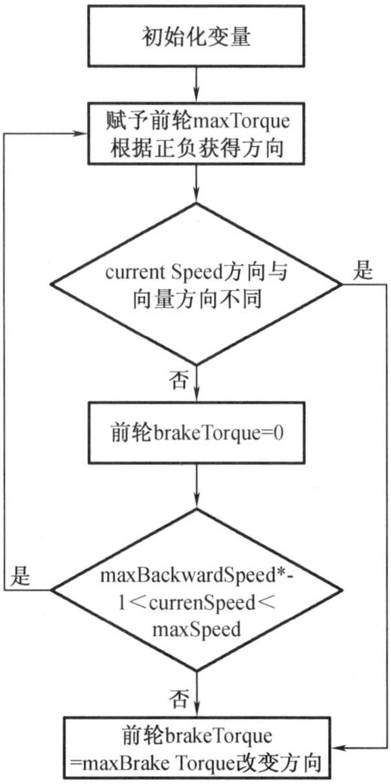

图 5－25　喷灌车行驶控制编程思想流程图

当用户需要停车时，后轮的刹车力矩起到刹车暂停的作用，此时赋予它完全刹车扭矩 FullBrakeTorque，值越大刹车越灵敏，在这里设为 100 即可。

实现了喷灌车前后方向的移动及停止，接下来实现车轮左右方向的转弯。为了保证转角（steerAngle）的转向角度精准，根据数学算法计算赋值，首先定义浮点向量 speedProcent 用来承载当前速度与最大速度的比值，利用速度比值与角度偏差的乘积计算当前速度的转角角度，核心代码如下。

```
float speedProcent = currentSpeed /maxSpeed;
speedProcent = Mathf.Clamp(speedProcent, 0, 1);
float speedControlledMaxSteerAngle;
speedControlledMaxSteerAngle = maxSteerAngle
-((maxSteerAngle - maxSpeedSteerAngle) * speedProcent);
```

将 speedControlledMaxSteerAngle 乘以水平向量值，即可控制左右方向。同时，车轮转向是沿 *Y* 轴运动，因此利用车轮自身的欧拉角属性，将 *Y* 轴参数值设为转向角度值，完成车轮转弯效果的模拟，关键语句如下。

```
flWheel.localEulerAngles = new Vector3(flWheel.localEulerAngles.x, flWheel-
Collider.steerAngle - flWheel.localEulerAngles.z, flWheel.localEulerAngles.z);
frWheel.localEulerAngles = new Vector3(frWheel.localEulerAngles.x, frWheel-
Collider.steerAngle - frWheel.localEulerAngles.z, frWheel.localEulerAngles.z);
```

5.4　农田喷灌车喷洒效果实现

5.4.1　农田环境的创建

构建一个简单的基本农田环境，不需要过多复杂的表现手法。

首先，创建一个土地，耕种的田地都具有垄条和垄沟，若利用升降地形工具绘制凹凸有致的垄田效果，不仅需要专业的美工水平，扭曲的地面也会占用大量资源，相比之下，采取直接对地面添加带有垄田纹理的贴图方式更方便快捷，避免了资源的浪费同时也可以达到一定的视觉效果。Unity 3D 内置功能全面的地形编辑器，支持以笔刷描绘的方法实时呈现出山谷、盆地、平原、高地、山丘等地形，同时也提供实时创建地面贴图、树木批量放置、大范围草地绘制等功能。

其次，将具有垄田纹理的图片放入 Unity 3D 自带纹理图片的贴图文件（terrain textures）下，点击创建地形，利用纹理工具为地形附加贴图材质，地形纹理即可平铺在地形上。设置土地的解析度（set resolution）和图片的大小，最终达到具有规整垄田凸起的效果，为了节约资源，模拟垄田上种植的初期作物苗，直接选用 Unity 3D 自带的小草模型，点击附加细节属性选取小草模型，并将笔刷调至最小，沿垄田地面的凸起部分刷出整齐的苗垄。

最后，添加天空盒（Skybox）创建天空效果，利用光照照明使场景看起来更加明亮，根据农田的分布位置可在农田旁边创建道路、树木、房屋等,房屋模型复杂部分的制作尽量多用贴图代替,比如房屋的门窗细节、屋顶的花样造型等,最终效果如图 5－26 所示。

图 5－26　虚拟农场环境效果

5.4.2　喷洒机制的实现

农田喷灌车喷洒机制是对喷灌车喷洒过程的一系列控制。在农田喷灌车机械臂的下方附有药物输流管,输流管每隔 50 cm 处配置一个小型喷嘴。当机械臂展开时,随之附带的输流管也展开,此时开启喷灌功能,水流沿输流管从每个喷嘴喷出,形成覆盖面宽广、流量均匀的喷灌景象,此过程水流喷洒效果及喷洒功能的开启与闭合通过控制 Unity 3D 自带的粒子系统完成。

1. 粒子系统

在虚拟场景中,烟、火、水滴或落叶等效果的表现可极大地提高场景的可观赏性,这些特效如果通过编程来实现,将是一件烦琐又十分复杂的工作。为了简化这一过程,Unity 3D 为开发者集成了粒子系统这一仿真工具,使粒子特效的开发变得很简单。粒子是一个复杂的动态系统,粒子是在三维空间中渲染出来的 2D 图像,系统中的粒子会随着时间的变化进行连续不停地变形和运动,同时内部体系还会自动不断生成新的粒子并摧毁旧的粒子。一个完整的粒子特效是靠三个组件一起作用完成的,分别是粒子发射器、粒子动画器和粒子渲染器。粒子发射器制造全部粒子;粒子动画器随着时间使它们产生位移;粒子渲染器在场景将它们描绘出来。如果想创建一个静态的粒子特效,可将粒子发射器与粒子渲染器结合运用,而粒子动画器使粒子朝不同方向运动并实时更换颜色,也可以通过脚本操控粒子系统中每一个独立的粒子。

2. 水流效果模拟

由喷洒机械臂下方喷嘴喷出的水流呈上窄下宽的圆锥形,可通过设置粒子属性完成。粒子系统是作为组件添加到对象上的,首先要创建一个空对象,选中空对象点击菜单栏中

Component→Effects→Legacy 选项，分别添加 Ellipsoid Particle Emitter、Particle Animator 及 Particle Renderer。

（1）选择粒子发射器(ellipsoid particle emitter)

Unity 3D 粒子发射器有两种，一种是椭球粒子发射器，另一种为网格粒子发射器。椭球粒子发射器是最基本的粒子发射器，它可在一个球状空间内产生众多粒子，当选取并加载一个粒子系统至场景中时，可以定义生成该粒子的临界值及粒子的起始速度；网格粒子发射器是依靠附加在网格上的各个顶点来产生粒子，粒子从网格的表面开始发射，因此网格范围的多边形越紧密，粒子的发射密度就越大，对硬件的要求也就越高。本研究水流效果的模拟不需要复杂的交互方式，选用椭球粒子发射器即可。

（2）设置粒子渲染器(particle renderer)

粒子渲染器可将粒子渲染在屏幕上，没有粒子渲染器就看不到粒子效果，为了方便对粒子进行可视化的调整，首先设置粒子渲染器，赋予粒子材质。新建材质球，命名为 Water Splash，在材质球 Particle Texture 属性下选择已导入的水纹理图片，并设置材质球的 Shader 为 Particle/Alpha Blended 属性，如下图 5－27 所示。粒子渲染器是一张二维的图片，默认情况下粒子会以 Billboard 的形式使其渲染方向永远面向摄像机，始终呈现三维的效果，其中 Store Billboard 参数可使所有粒子按照深度来分类，粒子可以以任何速度向任何方向伸展，这对于使用 Alpha 复合粒子着色器是必不可少的。Max Particle Size 参数决定了在屏幕上显示粒子的大小，其值为 1 时，粒子可以覆盖整个视图；其值为 0.5 时，粒子可以覆盖一半的视图。粒子渲染参数值设置如图 5－28 所示。

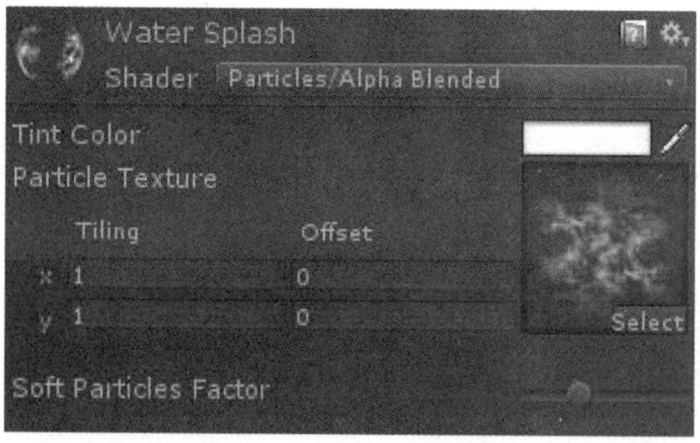

图 5－27　粒子渲染属性设置

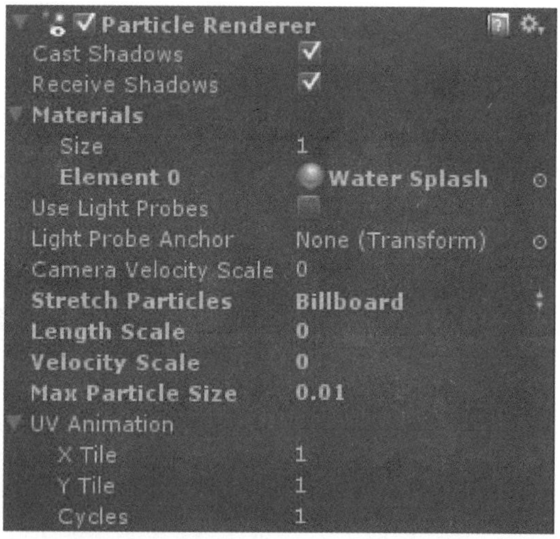

图 5－28　粒子渲染参数值设置

（3）设置粒子动画器(particle animator)

粒子动画器使粒子随着时间的推移不停地运动，同时可对粒子添加缩放和色彩循环等其他效果。开启 Does Animate Color 选项,可使粒子在生命周期内循环变换颜色,粒子动画器可设定 5 种粒子的颜色。如果有的粒子生命周期比其他粒子短,那么它的循环颜色速度也会比其他粒子快一些。设置 Size Grow 属性,可使粒子随着时间变化而增长尺寸,此属性用来增大粒子的尺寸而非使粒子四分五裂。再设置外力(force)与阻尼(damping)属性,利用外力可使得粒子在外力作用的方向上产生一个加速。阻尼可在粒子方向保持不变的情况下使其速度增加或减慢,等于 1 时表示无阻尼应用,粒子速度不变,等于 0 时表示粒子会立刻暂停运动,等于 2 时表示粒子的速度每秒加倍一次,粒子动画器的参数设置如图 5－29 所示。

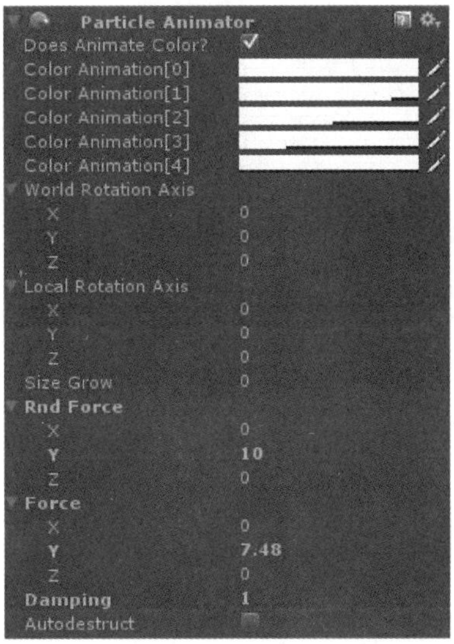

图 5－29 粒子动画器的参数设置

(4)设置椭球粒子发射器

当喷灌车喷出水流时,水流向下垂直地面,形状犹如锥形,不宜过大。调整椭球发射器基本属性,如 Size 代表粒子的整体尺寸,用来设置粒子的体积;Energy 代表每个粒子的存活周期,可以控制粒子在屏幕上显示的时间;Emission 代表粒子的发射数目,可以控制屏幕上一次可以显示出多少个粒子。为了保证水流适合喷头的标准,调整 Tangent Velocity 属性控制粒子分别在 X 轴、Y 轴、Z 轴的切线速度,结合 Ellipsoid 属性规划粒子运动的球形范围。具体参数值及完成效果如下图 5－30 所示。

(5)控制水流的喷洒与停止

将完成的粒子系统根据喷头的个数复制并附加至机械臂,利用 Emit 属性,控制粒子的发射。True 代表勾选,粒子正常发射,False 代表取消勾选,粒子停止发射。根据键盘事件,选取键盘 C、V 键作为开启粒子系统与关闭粒子系统的开关。当机械臂展开完毕时,开启喷洒功能,此时会形成一排垂直地面整齐的液体流,效果如图 5－31 所示。

5.4.3 地表环境变化模拟

地表环境的变化是土地由干燥到湿润的物理变化,在 Unity 3D 场景中,从模拟的角度分析，土地变湿即颜色加深，需要更换土地材质，而更换材质面积的大小、形状及位置要通过代码进行实时计算。

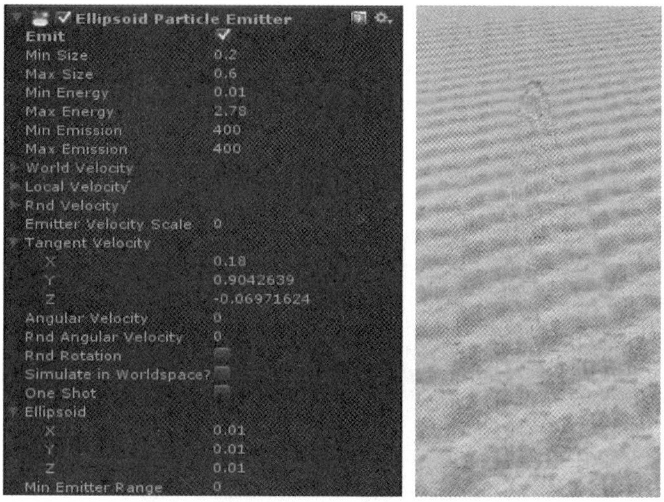

图 5－30　粒子发射器参数值设置及完成效果

图 5－31　喷灌车完全展开喷洒效果图

1. 材质准备

湿润的土地比干燥的土地颜色深，利用 Photoshop 工具在原有的土地纹理图片上稍作修改即可，点击工具栏图像面板下的调整曲线，横向坐标轴为调整前亮度，纵向坐标轴为调整后的亮度，在未做任何更改时，横坐标值与纵坐标值相等，曲线呈直线型，选择 RGB 通道，选取直线中间点向下拖拽，使横坐标输入值稍大于纵坐标输出值，将三原色整体亮度降低，如图 5－32 所示。在 Unity 3D 中，地块由很多个小网格构成，是个很大的二维数组，这些二维数据全部储存在 TerrainData 类中，例如高度图、详细的网格属性、地形纹理 Alpha 通道贴图等。在土地设置面板中，向纹理工具添加多个纹理时，首次指定的纹理会作为主要纹理铺满整个地形，其余纹理根据添加的先后顺序进行排列，每个纹理都对应一个通道贴图的图层，图层的层数可作为调用贴图的索引，由 0 开始依次向后排列，因此控制土地材质变换，可通过设置 TerrainData 类中的地面通道贴图层（AlphamapLayers）属性值来完成。添加完成，地表干湿土地材质的顺序如图 5－33 所示。

由图可知，若 AlphamapLayers＝0，输出干燥土地材质；若 AlphamapLayers＝1，输出湿润

土地材质。

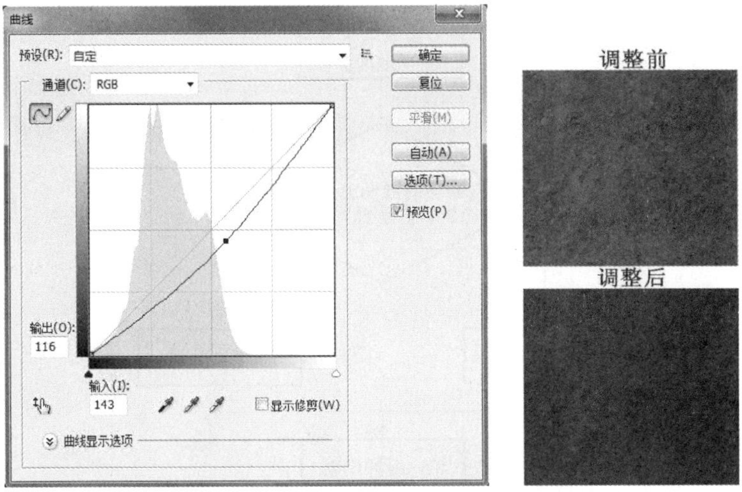

图 5－32　地面材质曲线调节示意图

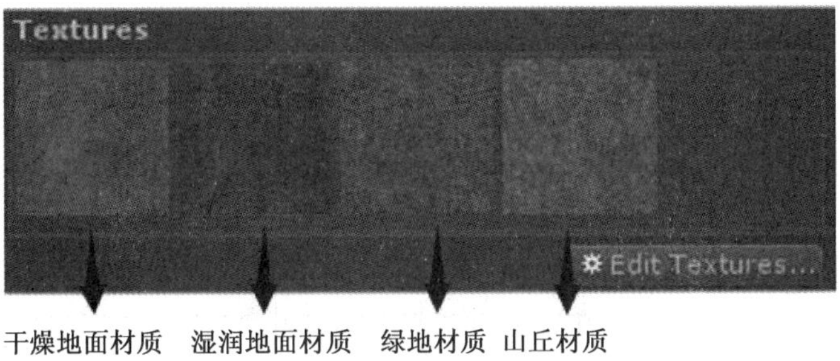

图 5－33　地面材质添加示意图

2. 材质更换

切换 Unity 3D 场景观察角度，点击 Persp 工具调至顶视图，此时若将完全展开的喷洒机械臂投影到地面，机械臂正下方的地面则是机械臂喷洒的部位。随着喷灌车缓缓前进，机械臂发生位移，需要保证场景与喷灌车运动仿真的一致性，因此被喷洒到的地面部分要实时更换材质始终保持与机械臂喷洒的位置同步。根据上一小节的说明，地面通道贴图层数 AlphamapLayers 为 0，则显示干燥土地材质；为 1，则显示湿润土地材质。由此得知，地面材质由干燥变湿润是贴图属性值 0 到 1 的映射，也就是说，从 0 到 1 之间转变的过程，是湿润土地材质逐渐显示加深的过程，直至值为 1 则完全显示。为了使效果更加逼真贴近实际，可通过编写协同程序构造喷洒函数 IEnumerator Spray( )。在不断停顿刷新的过程中增加湿润土地材质的显示程度，形成慢慢“渗透”效果，随着喷灌车缓缓前进，要获得每个粒子系统正下方的具体地面位置，可将每个粒子系统均赋予代码，取得每个粒子下方 10×10 的地面范围，编程思想流程图如图 5－34 所示。

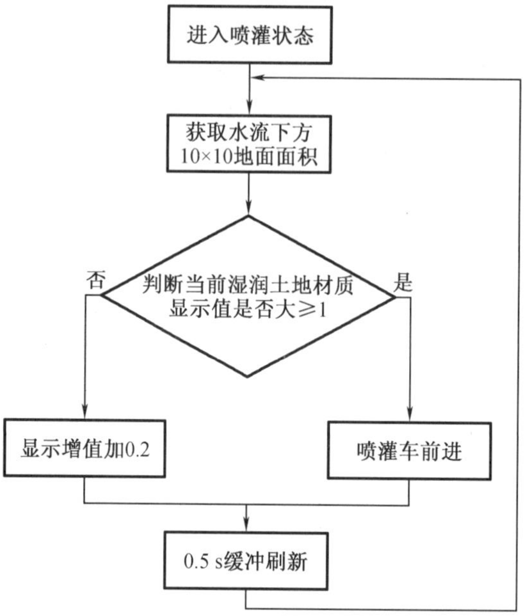

图 5－34　地表变化编程思想流程图

(1)获取位置中心语句如下。

计算当前所选位置在整个地块的地理分布百分比。

```
float scale = terData. AlphamapWidth/terData. size. x;
```

获取喷头对应地面上的坐标位置。

```
int sx = (int)((transform. position. x - ter. GetPosition(). x) * scale);
int sz = (int)((transform. position. z - ter. GetPosition(). z) * scale);
```

获取在位置 sx,sz 处给定长宽都为 10 的贴图信息。

```
newTexture = terData. GetAlphamaps (sx, sz, 10, 10);
```

(2)判断材质显示属性值逐渐增加中心语句如下。

```
float newVal = newTexture [0, 0, 1] + sprayStep;
newTexture[0, 0, 1] = (newVal < 1)? newVal:1;
terData. SetAlphamaps(sx, sz, newTexture);
```

其中,sprayStep = 0. 2f 代表材质每次以 0. 2 加深显示度,TerrainData 类中 GetAlphamaps 是获取地块信息的函数,SetAlphamaps 是置换地块信息的函数。随着喷灌车不断前进行驶地面材质要进行实时判断,为了减少计算机卡顿现象,使用协同程序独有的 yield return new WaitForSeconds()语句使程序延迟,最终完成地表环境的喷洒效果如图 5－35 所示。

在本例中,我们搭建了简单的虚拟农田环境,利用粒子系统制作喷洒机械臂下方喷嘴喷出的水流效果。为粒子渲染器添加图片,设置粒子动画编辑器属性,调整粒子发射器使水流喷洒更符合自然规律。了解土地材质的图层分布属性,添加地面干燥、湿润等需要的材质。根据添加材质的先后顺序,得知干燥与湿润土地材质索引层数。通过代码获得喷嘴下方 10×10 范围的土地位置,编写脚本完成地面由干燥到湿润的细微过渡,利用协同函数进行 0.5 s 的缓冲刷新,实现随着喷灌车的水流缓慢移动,地表物理环境的实时变化模拟。

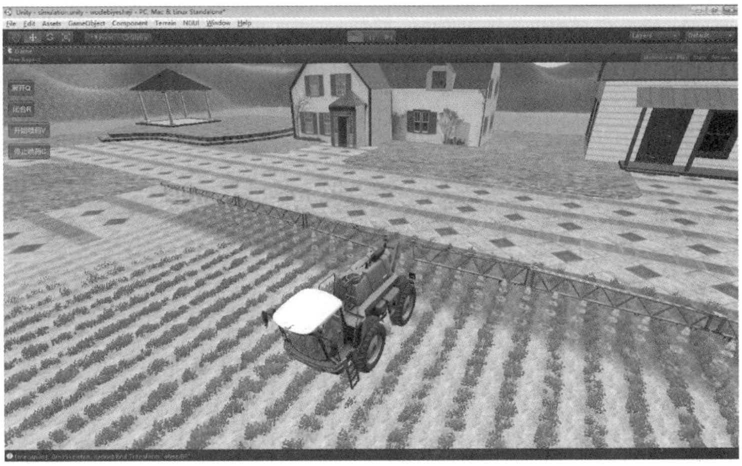

图 5－35 地表环境的喷洒效果图

5.5 虚拟场景操作界面设计

拥有良好的界面设计不仅可以提高喷灌车虚拟仿真设计的整体效果,也可以增加用户的体验感受。以往在 Unity 3D 中,可以通过代码控制内部自带的 GUI 系统实现图形界面的创建,但是这种方法的搭建效率低下,已经不能满足目前市场对图形用户友好界面的美感要求,因此引入 Unity 3D 第三方 2D 组件库——NGUI 来增加用户界面的美感。

NGUI 是一个功能强大的 UI 系统,其原理简单,就是将 UI 绘制到一张 Plane 上,再用摄像机采用平行投影垂直摄像。像处理一般 3D 的物体一样,事件处理由开发人员编写 C#脚本,并且严格遵守简单友好原则的 Unity 框架,对从事程序开发者来说,这代表着在开发的其他方面拥有更多的时间和精力,更好地提高开发效率。

5.5.1 主界面布局

主界面的设计是一切以用户为核心的设计,要尽量降低用户的认知负担,保持界面功能的统一,布局方式采取从左至右,由上至下的原则。本设计利用 NGUI 的控件工具,如文本标签 Label、图片精灵 Sprite 及按钮 Button,搭建一个整洁绚丽的主页面,基本框架如图 5－36所示。

5.5.2 自定义图集和字体

图集(Atlas)相当于一个容器,是一组资源的集合,定义了全部的使用素材,包含了许多 Sprite 的坐标信息。字体(Font)主要控制文本中的字体样式,在使用 NGUI 渲染任何事物之前,必须先选择图集和字体,NGUI 自带了几种图集和字体可供开发者使用,但若想创作出有自己风格的独特界面,可利用 NGUI 内置工具来制作自己需要的图集和字体。

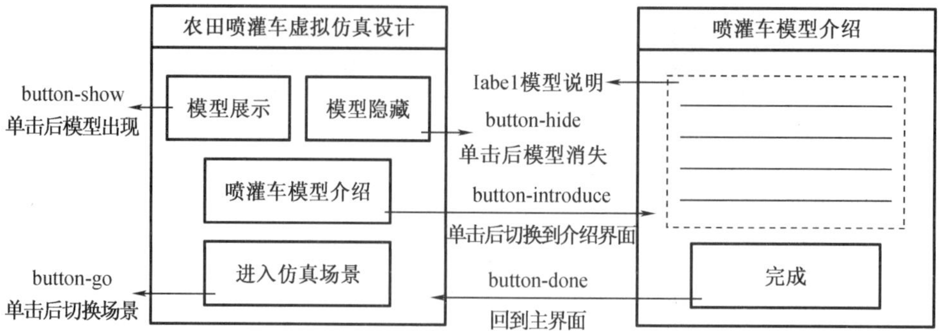

图 5-36　界面设计基本框架

1. 制作图集

简单来讲,制作图集就是将一些零散的图片合成一张大图,这种做法的优点是可以降低 Draw Call 数量。当渲染 UI 时,与使用很多零散的贴图相比,使用一张包含了所有小贴图的大贴图的效率要高许多,制作方法是将所需图片导入至 Unity 3D 工程中,将 NGUI 内置图集打开,选择刚刚导入的图片,如图 5-37 所示。

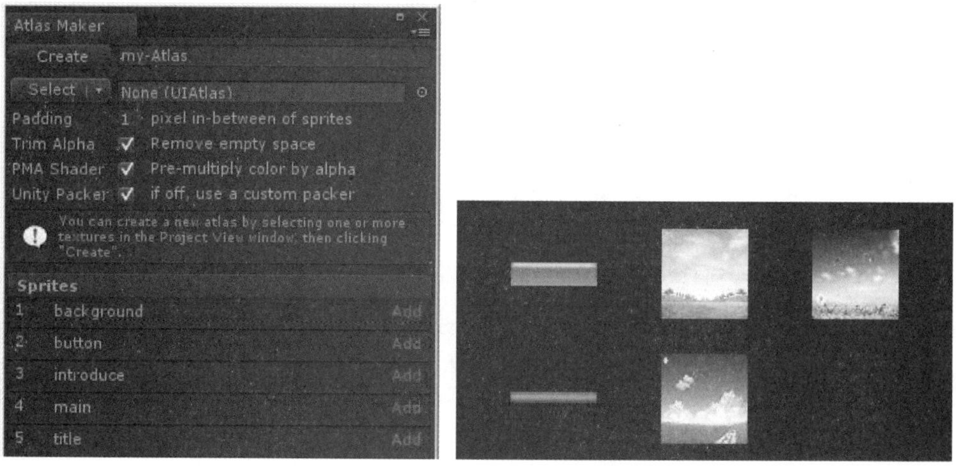

图 5-37　图集制作示意图

命名 my-Atlas,单击 create 后,NGUI 会自动创建,同时在 Project 面板下生成一张新图片,一个材质球,一个预制件 prefab,创建完成。其方法并不止一种,也可以利用 Photoshop 直接将图片拼合,还可利用 Texture Packer 软件创建,多次试验总结经验如下。

(1)图集在进行纹理压缩时,为方便其进行格式压缩,最好将导入的图片做成 2 的倍数,例如 128,256,512,1024 等。

(2)一个图集对应一个 Draw Call,当界面复杂图片种类繁多时,可将相似的 texture 拼在一起制作图集,降低图集数量,降低消耗的 Draw Call。

(3)利用 Texture Packer 创建图集,导出时选择 Unity 3D 选项。

(4)若使用 Photoshop 创建 Atlas,可使用选择工具和信息版来确定 sprite 的位置和大小。

2. 制作中文字体

在 NGUI 的文本标签，以及 Input 组件中都可以输入字体，但是 NGUI 本身并不支持中文字体的输入，本例主界面选择中文展示，因此需制作使在 NGUI 中可以显示的中文字体，方法如下：

在计算机控制面板中的外观和个性化选项中，选取中文 ttf 字体将其导入到 Unity 3D 中，本研究选取华文中宋，建立空对象命名为 my – Font，并为其添加 UIFont 脚本，在 Project 面板中新建材质球，在材质球的 Shader 下拉列表中选择 Unlit 下的 DynamicFont。选中 my – Font，在 Inspector 面板中修改文字类型为 Dynamic，将 ttf 型字体和新建的材质球分别赋予 Font 和 Material，开发者也可在 Size 处设置字体大小，如图 5 – 38 所示。

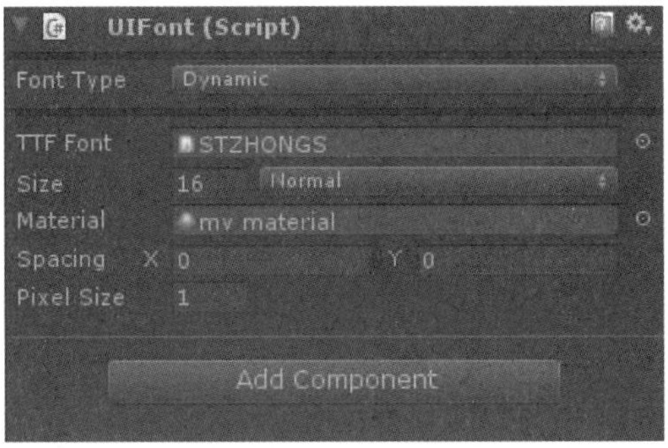

图 5 – 38　字体制作示意图

将 my – Font 从 Hierarchy 面板拖拽至 Project 面板，使其成为预制件，再将 my – Font 对象从 Hierarchy 面板中 Delete，将 Widget 面板打开，新建 Label 文本，选择 Font 为 my – Font，点击 add to 创建完成，此时在 Inspector 面板即可输出中文，如图 5 – 39 所示。

图 5 – 39　中文字体输出效果图

3. 交互功能实现

交互的内容是可以通过按钮点击，完成对象的弹出及界面与界面、界面与场景之间的切换。NGUI 的所有交互对象都是建立在具有碰撞体之上的，主界面的交互是通过按钮控件触发事件，依靠场景摄像机添加 UICamera 脚本发送 GUI 事件，诸如 OnClick、OnHover，再通过事件监听方法实现交互功能，其中结合 NGUI 自带的 Tween 库做出生动的动画效果。

Tween 动画是 NGUI 提供的一个补间动画库，也叫作渐变动画库或中间帧动画库，是指在确立了动画的开始和结束状态后，由计算机动态实时生成中间连续过程的一种动画方式，补间动画本质上是插值的结果。在 NGUI 自带 Tween 库中，完成了移动、缩放、旋转等常用的动画效果。

4. 实现弹出效果

实现弹出效果是指当点击“模型展示”按钮时，主界面偏移屏幕中心，喷灌车模型迅速出现在屏幕中心位置上并自动旋转全方位展示，具体做法如下。

（1）创建场景 scene menu，建立一个 UI 结构，删除场景中相机、锚点和 UI 根节点，只留下 panel 和 UI 创建的 camera。建立空物体命名 window - main，利用 Widget Wizard 面板，图集选择 my - Atlas，字体选择 my - Font，创建主界面上的 Sprite 及 Button 并调节深度（depth）放置好按钮位置，主界面如图 5 - 40 所示。

图 5 - 40　主界面示意图

（2）建立两个空物体，分别命名为 Active 和 Inactive，通过这两个对象的变换信息来记录前后的变化位置。将这两个对象放置到主窗口下，成为它的子物体，并重新设置位置，选择 Inactive，利用移动工具移动位置，Active 保持不变。注意，此时不要改变 scale 参数，避免出现缩放。

（3）选择 window - main，增添 TweenTransform 组件，将 Active 和 Inactive 分别赋予 from 位置和 to 位置，该组件根据两个 Transform 对象制作窗口在这两个位置间平滑过渡，同时关闭组件的 enable。

(4)点击 Button - show,为其添加 Button Tween 组件,将 window - main 赋予 Target,并设置 if Disabled On Play 属性呈 EnableThenPlay,用来控制 Target 中的 Tween 类型动画的执行与关闭,代表在没按下模型显示按钮之前查看 window - main 组件时,TweenTransform 组件是关闭的,按下后,该组件被打开,播放完毕之后,又保持关闭状态。

(5)对 Button - hide 采取步骤和上一步一样的设置,但 Play Direction 属性设置为 Reverse,If Disabled On Play 属性选 DoNothing。

(6)将喷灌车模型移至场景中,增添 Spin 组件,实现喷灌车的自动旋转,再添加 TweenPosition 组件,设置 Method 属性呈 EaseInOut,Duration 值为 0.5,From 为初始位置,To 为结束位置,如图 5 - 41 所示。

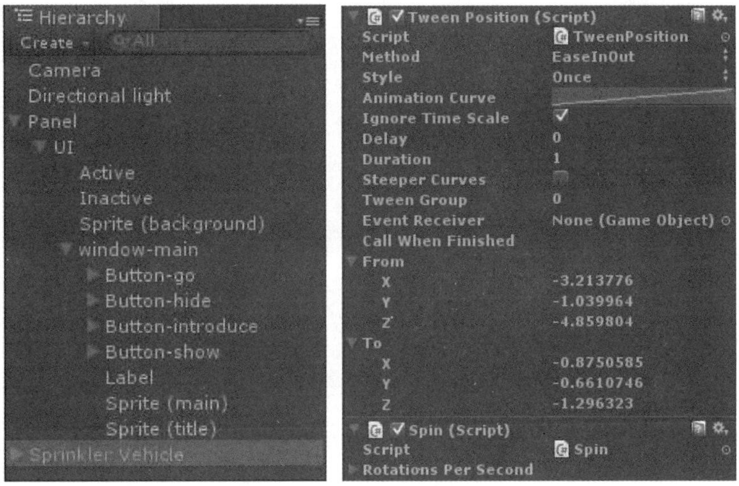

图 5 - 41　TweenPosition 组件属性设置

(7)选择 Button - show,重复操作步骤 3,将喷灌车赋予 Target,PlayDirection 设置为 Forward,If Disable On Play 设置为 EnableThenPlay。对 Button - hide 的处理方法相同,并把 Disable When Finished 变换为 DisableAfterReverse,将 IncludeChildren 勾选,否则只有父物体播放动画,不会作用到子物体上,最后完成效果展示如图 5 - 42 所示。

图 5 - 42　模型展示及隐藏效果展示图

5. 实现切换效果

（1）界面与界面之间的切换。点击“模型介绍按钮”时，由主界面切换到介绍界面，点击“完成”按钮时，再由介绍界面回到主界面。创建介绍界面 window – introduce（方法参考上一小节），为其添加 Animation 组件，并将 Window – back 动画和 Window – forward 动画的 Play Automatically 勾选关掉，使用同样方法设置 window – main。

（2）选择 Button – done，为其添加两个 UIButton Play Animation 组件，分别设置参数如下图 5 – 43 所示。

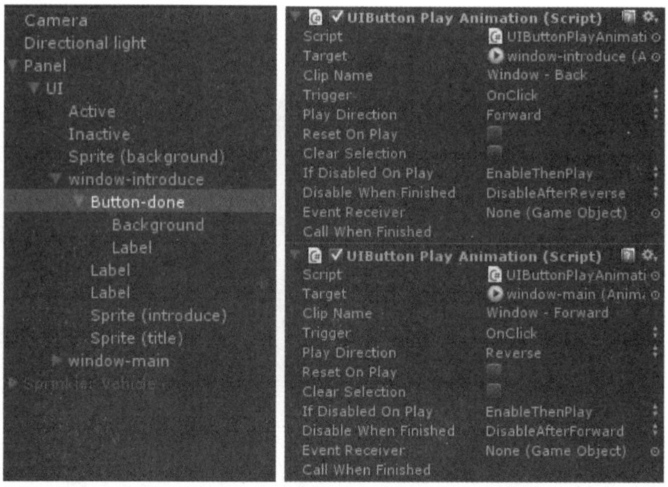

图 5 – 43　UIButton Play Animation 组件属性设置参数

需要注意的是，在 Clip Name 处所写的名字一定要和播放动画的名称一致，这是识别动画种类，播放动画的关键，button – introduce 的设置与 button – done 一样，实现效果如图 5 – 44所示。

图 5 – 44　模型简介效果示意图

（3）界面切换到场景。通过单击主界面“进入仿真场景”按钮进入 scene run 场景，首先要将 scene run 场景打包发布，在工具栏中文件菜单下的 Build Settings，将编译设置窗口打开，点击添加事件将 scene run 场景显示在列表中，单击 Build 编译完成。

（4）回到 scene menu 场景，选择 button – go 按钮，为其添加 Load Level On Click 代码，此

代码用来加载场景，只需将 Level Name 位置填写场景名称 scene run 即可，完成效果如图 5－45 所示。

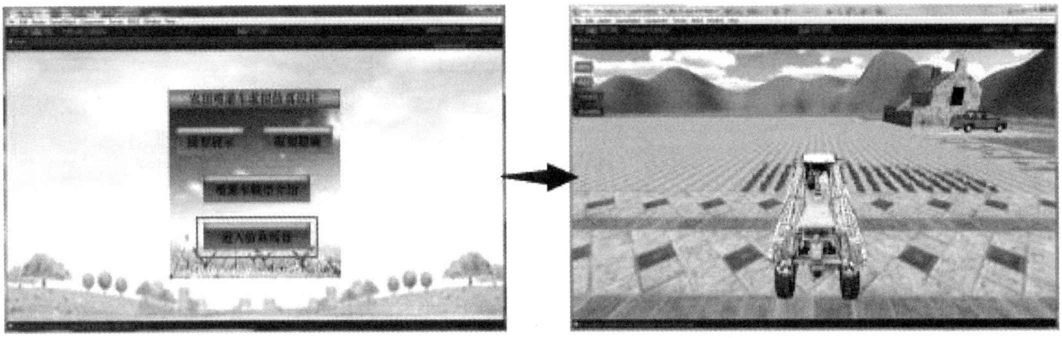

图 5－45　主场景进入效果示意图

6. 相机跟随

在 Unity 3D 中，相机是一个场景不可缺少的元素，对于第一人称角色控制器来讲，相机相当于角色的“眼睛”；对于三维场景的整体呈现来讲，相机作为第三人称相机可时刻监控角色的移动。本设计中，使用 Unity 3D 在创建场景时自带相机 Main Camera 作为相机主体，以喷灌车为“目标”，实现了相机跟随鼠标的左右移动围绕喷灌车进行左右旋转，可扩大视角全方位观察喷灌车，同时配合鼠标滚轮对喷灌车实现拉近、推远的效果，使用户近距离观察喷灌车的展开或闭合细节，功能展示如图 5－46 所示。

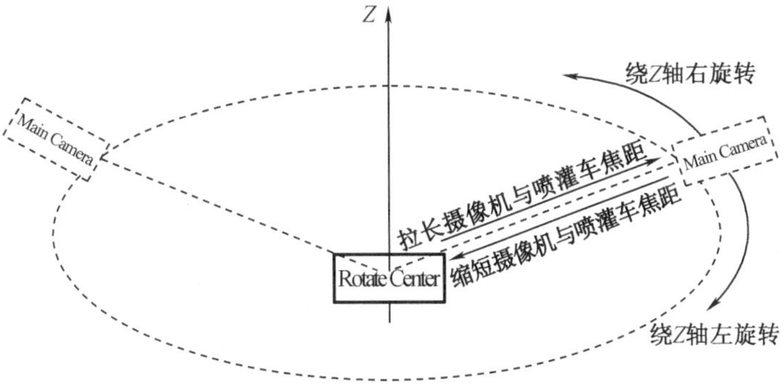

图 5－46　相机跟随示意图

建立空物体，命名为 Rotate Center，将空物体移至喷灌车中心上方位置，作为相机的旋转中心，利用 C#语言编写代码命名 MouseView，将 MouseView 脚本赋予 Rotate Center，并在层级面板中，将 Main Camera 拖拽至 Player Cam 位置，相机跟随编程思想如图 5－47 所示。

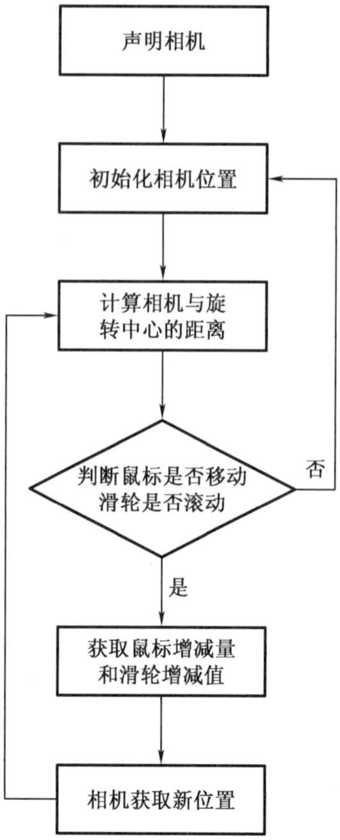

图 5－47　相机跟随编程思想流程图

利用相机自身欧拉角计算，再通过定义四元数 Quaternion rotation 存储角度实现角度的旋转，核心代码如下。

```
Quaternion rotation = Quaternion.Euler(y, x, 0f); //y,x 为相机在 y、x 轴的旋转角
curDistance -= Input.GetAxis("Mouse ScrollWheel") * curDistance;
//控制摄像机与旋转中心的距离，Input.GetAxis("Mouse ScrollWheel")的返回值是 float，鼠标滑轮滚动可以增减值，停止滚动后返回为 0
if(Input.GetAxis("Vertical")!=0||Input.GetAxis("Horizontal")!=0){curDistance=distance;}
float ClampAngle (float angle, float min, float max);//判断鼠标移动
if (angle < -360) angle += 360;if (angle > 360) angle -= 360; return Mathf.Clamp (angle, min, max);//控制相机旋转的最大最小角度
x += Input.GetAxis("Mouse X") * xSpeed * 0.02f;
y -= Input.GetAxis("Mouse Y") * ySpeed * 0.02f;//根据鼠标增量计算旋转角度
```

5.6 本章小结

在虚拟场景界面设计的方法中,利用 Unity 3D 官方插件 NGUI 实现。有了图集与字体集可以进行界面的创建。制作图集的图片大小要求为 2 的倍数,将选好的图片在图集生成器中自动生成。制作中文字体需要中文集,可在所用电脑中复制粘贴,也可上网搜索满意的字体。利用 Sprite、Button、Label 搭建友好界面,通过动画文件与代码结合调用的方式,合理控制变量属性实现喷灌车的显示与隐藏、喷灌车的介绍界面的切换、界面与场景之间的切换。编写脚本获取鼠标的移动及滚轮推拉事件,实现以喷灌车为中心的旋转、推近及拉远功能,使用户全方位观察喷灌车的各个细节。

6 昆虫电子标本信息系统

昆虫标本不仅是教学、防治、检疫中的直观教材，还是基础研究方面不可缺少的宝贵资料。无论是进行昆虫形态学、生理学、生态学、毒理学的研究，还是森林、农业，以及自然保护和自然资源管理等方面的研究，都离不开对昆虫标本的观察、鉴定，以及对其生活史进行相关的了解。因为昆虫种类繁多、数量巨大，所以给昆虫标本的保存、使用等工作带来相当大的困难。传统昆虫标本的管理多采用账本、卡片的管理方式，其检索、维护颇为不便，频繁地使用还会加快标本的损坏。

制作内容丰富的昆虫电子标本，将其及时运用到昆虫学课程教学中，可以满足学生的感知需要，提高学生的学习兴趣，增强学生对知识的理解与记忆。目前，国内外也有一些昆虫电子标本库，但都是停留在图文的层面上，只能静态地从一个角度观察昆虫。另外有一些科研单位在研究关于利用分形算法建立昆虫的三维模型，但生成算法的研发难度很大，而且虚拟昆虫与真实昆虫存在较大差异。同时，由于一种分形算法只限于某一种昆虫，因此不具有通用性，很难推广应用。

计算机技术的特点在于，计算机能够产生一种人为虚拟的环境，这种虚拟的环境是通过计算机图形构成的三维空间，或是把其他现实环境编制到计算机中去产生逼真的“虚拟环境”，从而使用户在视觉上产生一种沉浸其中的感觉。本研究完成的系统是将计算机图像处理与虚拟现实技术结合起来，建立一种自动化制作昆虫三维模型的方法。这种三维昆虫影像模型，既可以保留昆虫的真实外貌，使其具有较强的立体感，又可以很好地从各个角度观察昆虫细微的结构特征。与普通标本相比，三维昆虫影像模型具有不褪色，不损坏，在网络上方便检索等特点，其成果可以为昆虫教学、研究，以及昆虫的利用与防治提供基础直观数据。

6.1 技术路线

6.1.1 系统研发流程

以植物保护学、昆虫学、数字图像处理及虚拟现实技术为理论基础，结合数据库及网站技术，实现了昆虫三维标本网络信息系统。该系统分为三维标本制作子系统和网络虚拟展示子系统两部分，具体可以细分为制作昆虫实体标本、研制昆虫三维摄像设备、建立昆虫资料信息库、开发网站管理界面四项内容，其研发流程如图 6－1 所示。

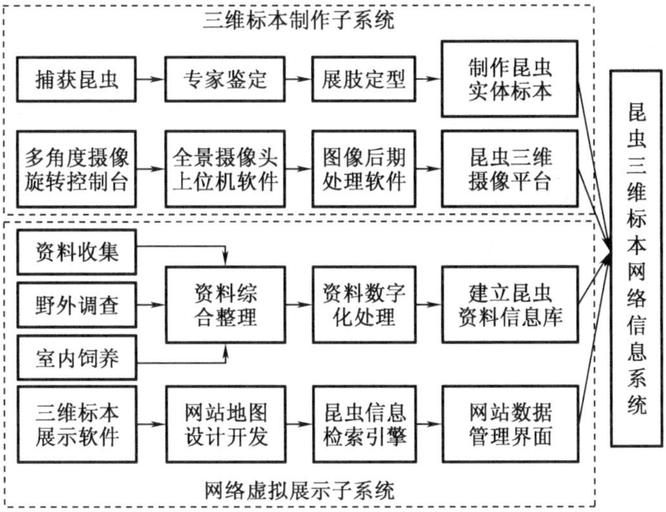

图 6-1　昆虫三维标本网络信息系统研发流程

昆虫标本的制作过程主要包括采集、杀死、定型等过程,这些技术在昆虫界已经成熟。值得注意的是,由于制作的标本是用于制作三维影像模型的素材,而不是长期保存,因此与一般昆虫标本的制作过程相比有一些不同,三维影像模型没有一般昆虫标本制作过程中去除内脏、烘干和防腐处理等过程,这样制作的鲜体标本,由于死亡时间短,形体比较牢固,不易受损,形态和色彩更逼真,更适合下一步拍摄的要求。

6.1.2　组图像矩阵

为了说明本系统使用的三维建模原理,这里引入单元图像和组图像的概念。单元图像是对前面制作的昆虫鲜体标本的某一角度进行拍摄并处理得到的图像;而组图像则是由多个单元图像按二维矩阵方式拼接而成的图像。组图像矩阵的每个元素都是不同的单元图像。图 6-2 是三维影像模型生成原理图。图 6-2(a)为昆虫“天牛”部分的原始素材,其中每一张昆虫图像,都是经过光线和去除背景等处理后得到的单元图像;图 6-2(b)为组图像所表示的矩阵,其中 $A_{ij}(i=1,2,\cdots,m;j=1,2,\cdots,n)$ 为单元图像。本书所采用的三维建模方法就是利用相对变化较小的多幅单元图像按特定顺序拼合成一个组图像,再通过专门的三维显示技术,在屏幕上将组图像按一定规则还原为动态三维图像效果。

组图像矩阵的一行代表同一个水平高度拍摄的 360°图片集合,元素个数为 n;组图像矩阵的一列代表垂直方向上不同角度拍摄的图片集合,元素个数 m。矩阵的每个元素根据索引下标分布在图 6-2(c)的外筒壁上。筒面的法线方向向外垂直于每个单元图像,虚拟展示时镜头沿逆法线方向在筒面上滑动,通过快速切换不同矩阵元素来显示不同方格内的单元图像,实现三维图像效果。

其中,m 和 n 的个数越大,图像精度越大,显示的效果越流畅逼真,但是图像的存储空间就越大,拍摄的工作量也越大,同时每个模型的网络传输时间也会变长。在当前的网络环境下,即使是宽带上网,图片也应当不超过 2 MB,否则用户会失去耐心;而当前主流的显示器分辨率是 1 024×768,图片再大也不会提高显示效果。综合网速和显示效果的因素,在本系统中确定 m 为 3,n 为 32,在仿真显示时运行效果可以满足人的视觉要求。

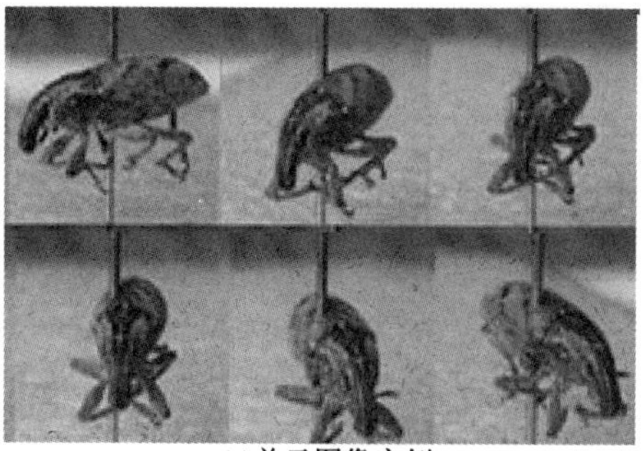

(a)单元图像实例

$$\begin{pmatrix} A_{11} & A_{12} & \cdots & A_{1n} \\ A_{12} & A_{22} & \cdots & A_{2n} \\ \cdots & \cdots & A_{ij} & \cdots \\ A_{m1} & A_{m2} & \cdots & A_{mn} \end{pmatrix}$$

(b)组图像矩阵

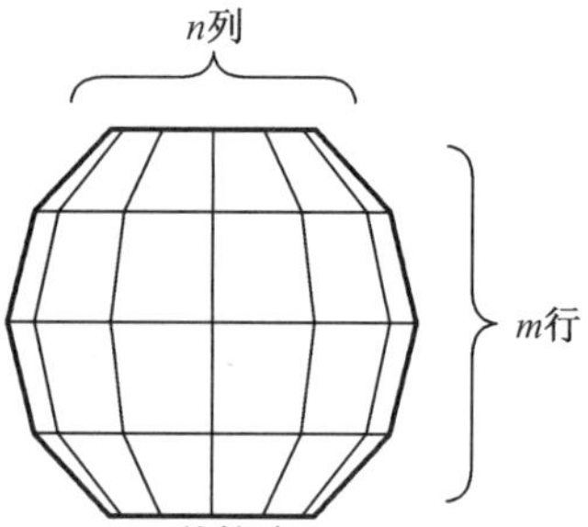

(c)外筒壁

图 6－2　三维影像模型生成原理图

6.2　三维标本制作子系统

6.2.1　利用多角度自动拍摄装置实现批量建模

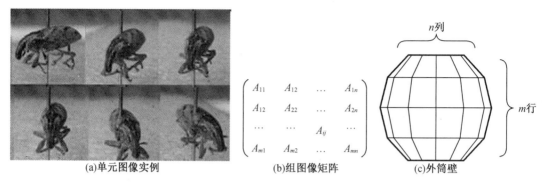

由前面分析得知,拍摄昆虫照片是建立在三维昆虫标本的前提下,也是工作量最大的环节。一方面是昆虫种类繁多,拍摄照片数量巨大;另一方面由于后期三维合成的要求,对拍摄的清晰度、角度及光线都有非常苛刻的要求,如果利用手工进行,工作量是难以想像的,而且精度也很难达到要求。为此本系统研发了专门用于昆虫拍摄的硬件设备,在低成本的前提下,使拍摄工作达到一定程度上的自动化,大大提高了由昆虫实体到数字标本的转化效率。

利用计算机软硬件技术,分析对照片拍摄的要求,建立了如图 6－3 所示的多角度自动拍摄装置。

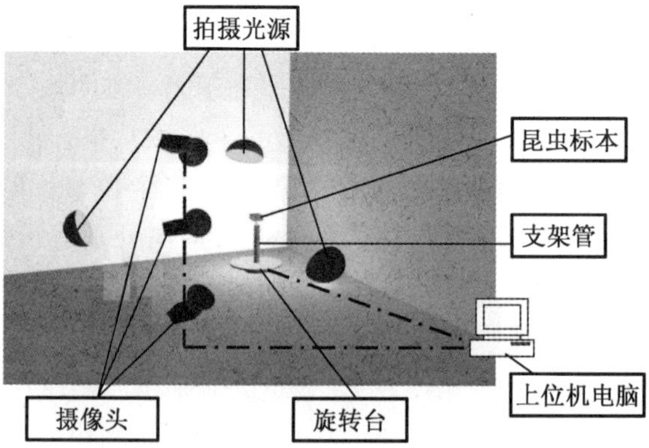

图 6－3　多角度自动拍摄装置示意图

该装置由硬件设备和控制软件两部分组成,其中硬件设备主要由旋转台、摄像头、拍摄光源三部分组成；控制软件由电机控制软件和摄像头控制软件组成。旋转台上的单片机及摄像头与上位机电脑相连，由控制软件协调旋转和拍摄同步进行。

多角度自动拍摄装置的关键技术在于实现摄像头的拍摄与电机旋转要同步，当电机停止时自动进行拍摄并按指定文件名（命名规则见下文）进行存储。由于每次旋转都会产生一定的中断误差，因此要求32次的累积误差在允许范围之内。

旋转台由单片机控制步进电机，步进电机旋转步长公式如下。

$$N \times \text{stepCount} \times 0.025 = 360$$

其中，360为旋转一周度数，0.025为步进电机旋转度数，N为水平方向图片数。图6-2(b)组图像矩阵中n取为32，所以每次暂停步数 stepCount = 360/32/0.025 = 450，即电机每次旋转450个单位，暂停1 s，等待摄像头进行拍摄。这样，拍摄时间约为1 min，加上标本放置、手工调整摄像头焦距、调节灯光亮度及软件处理等的时间，一个标本的完整拍摄时间约为5 min。

由于在上文中组图像矩阵中的m为3，为了提高拍摄效率，因此在拍摄装置中安装3个摄像头同时拍摄不同纬度的图片。考虑到本项目拍摄的图片较小，对图像的分辨率要求不高，一般的摄像头就可以完成任务，因此本系统选择的是联想 ET380 套装版。标本利用直别针插入昆虫中固定在支架管上，示意图中的三维背景只是便于观察，真实的装置中是白色屏幕，消除转角阴影，便于下一步的图像处理。

6.2.2　标本模型的后期合成

本示例所使用的编程软件是 DirectShow，其为多媒体流的捕捉和回放提供了强有力的支持。用 DirectShow 开发应用程序，可以很方便地从支持 Windows Driver Model（WDM）驱动模型的采集卡上捕获数据，进行相应的后期处理并存储到文件中。

利用上面的拍摄装置得到的图像只是原始素材，所以图像还要经过去除探针和背景色等处理，得到多个独立的单元图像。由于三维标本应用在网络上，图片不能太大，否则大量的数据会降低网站性能，因此确定每个单元图像大小为500×400分辨率。

下一步是利用拼接算法将这些图像合成为组图像。在处理过程中，拼接算法必须保证程序能够自动识别单元图像的位置，从而达到拍摄图片与生成组图像同步。本研究利用文件名来达到这一目的，文件名的前8位为标本本身的名称，后4位为当前图像在组图像矩阵中的行列位置（索引下标）。如文件名为 locustab0213，表示标本为 locustab，当前单元图像在组图像的2行13列，即$A_{2,13}$，拼接算法将按这项信息进行拼接。

组图像生成后，昆虫个体的三维建模基本完成。为了便于在网络上引用，前提是必须将大量的昆虫模型信息存储于数据库中。考虑到网站的移植性和访问量，系统采用 Access 数据库存储数据。除了一般用于网站本身维护的数据表以外，这里需要重要说明的是昆虫标本数据信息表。该表的数据字段结构如表6-1所示。按照生物界的分类原则，有界、类、门、纲、亚纲、目、总科、科、亚科、属、种、亚种等级别。由于平台中的所有昆虫均属于动物界节肢动物门中的昆虫纲，为降低数据的冗余度，表中的昆虫分类从亚纲开始研究。其中，Gimgurl 是用于存储前面生成组图像的 URL 信息，这些信息能通过网站直接访问；其他字段是用于存储昆虫的索引查询信息。

表 6－1　昆虫标本数据信息表的数据字段结构

序号	字段名称	类型	说明	数据举例
1	Subclass	Text	亚纲	有翅亚纲
2	Sort	Text	类	不全变态类
3	Order	Text	目	直翅目
4	Superfamily	Text	总科	蝗总科
5	Family	Text	科	蝗科
6	Subfamily	Text	亚科	飞蝗亚科
7	Genus	Text	属	飞蝗属
8	Species	Text	种	飞蝗
9	Subspecies	Text	亚种	东亚飞蝗
10	Growthperiod	Text	生长期	幼虫
11	Comment	Text	说明文字	形态特征、分布与危害、生活习性等
12	Gimgurl	Text	组图像地址	/01/locu001. JPG

6.3　网络虚拟展示子系统

6.3.1　虚拟展示模块

为了将前面建立的组图像能够在网络上显示为三维图像效果，可以利用 JavaApplet 编程来实现。程序中定义了外筒图像视窗和观察视窗，如图 6－4 所示。

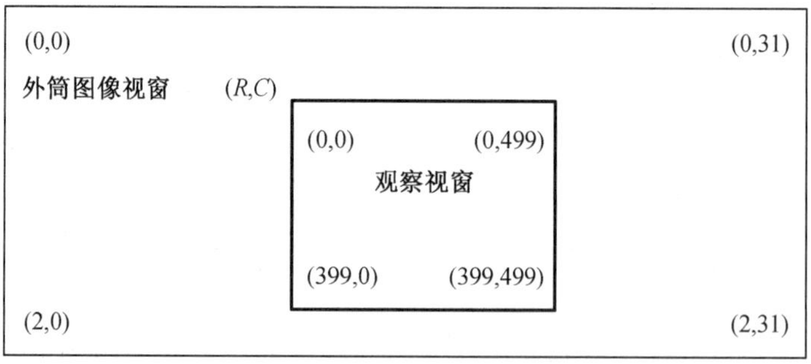

图 6－4　外筒图像视窗和观察视窗

观察视窗用于显示当前的单元图像，分辨率为 500 × 400 像素，与单元图像大小一致。外筒图像视窗用于存储组图像，由 3 ×32 个单元图像组成。一个组图像大小为 $500 \times 400 \times 32 \times 3$ bit = 19 200 000 bit≈2.2 MB，压缩后为 1 ~1.5 MB 左右。(R,C)表示观察视窗在外筒图像观察中的行和列，展示程序就是利用控制(R,C)的值来实现标本的三维动态显示效果。表 6－2 为(R,C)随用户鼠标移动而产生的变化公式，其中 R 只能在[0,2]内前后移动，不能超出边界，限制在 180°内上下旋转，这将有利于三维模型的观察，防止模型随用户拖动鼠标而发生上下翻滚的现象；而 C 可在[0,31]内循环滚动，当超出边界时自动滚动到另一端，从而实现 360°旋转操作。

表 6－2　鼠标拖动事件控制观察视窗位置变化

驱动事件	起始行 R	起始列 C
左移	不变	$C=(C>0)?\ (C-1):31$
右移	不变	$C=(C<31)?\ (C+1):0$
上移	$R=(R>0)?\ (R-1):R$	不变
下移	$R=(R<2)?\ (R+1):R$	不变

6.3.2　网站界面的实现

网站采用 ASP. net 编程实现，除一般网站通用的用户管理、数据维护等基本功能外，主要实现了利用索引目录树进行昆虫信息检索的功能。目录树利用表 6－1 中的 1～5 字段提供数据，Dotnet2.0 的 TreeView 服务器控件创建。当用户通过索引目录选择昆虫所属的科时，服务器端程序将根据昆虫的所属科的编号在标本信息表中检索该科的全部昆虫目录发送到客户端，用户选择具体的昆虫，服务器将该昆虫记录的 Gimgurl 字段中存储的组图像地址传递给 JavaApplet 的虚拟仿真模块，从而实现在网页上显示三维动态标本。昆虫三维标本网络信息平台界面，如图 6－5 所示，用户可以利用鼠标观察并控制三维昆虫的旋转方向、放大缩小等操作，也可以根据形态特征、分布与危害、生活习性、防治方法等选项查看相应文字介绍。

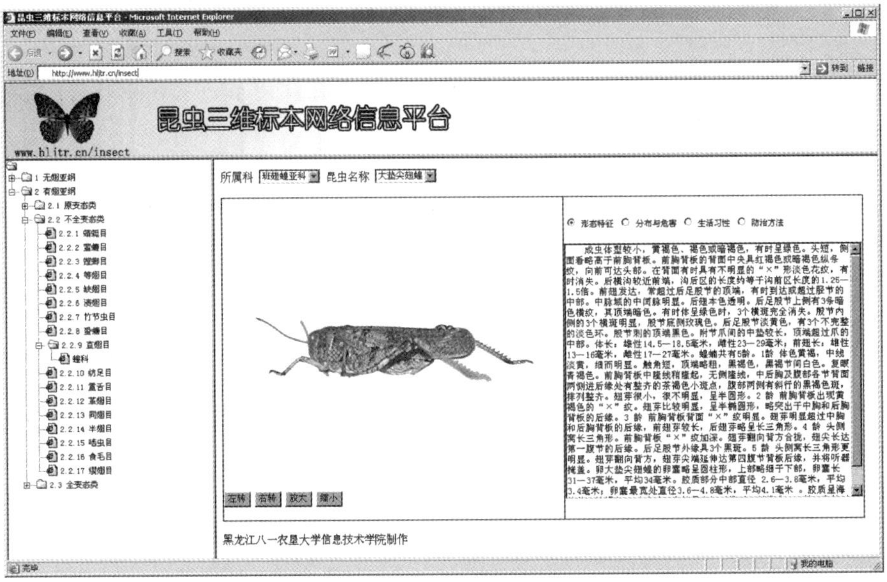

图 6－5　昆虫三维标本网络信息平台界面

由于考虑到昆虫的信息比较多，如果每次都从数据库中进行检索生成树型导航控件，当访问量较大时会增加服务器的负担，因此网站专门开发了静态化目录树的程序模块。具体做法如下。

将数据表中的昆虫分类提前检索出来，生成静态的 Html + Javascript 代码文件，当用户访问该网页时直接调用这段代码，从而提高网站的响应速度。这样做的代价是用户看到的信息不一定是最新的，即数据表中更新的昆虫信息不能及时反映到网站中。为了解决这一矛盾，网站管理模块要求，当管理员进行昆虫分类数据维护（添加、修改或删除）时，重新生成这段静态代码，这样就实现了动态数据更新与静态代码高效率的有机结合。

6.4　本章小结

利用自制的多角度自动拍摄装置在硬件和软件上实现了昆虫三维影像标本制作的批量化，大大地提高了建模效率。在实际建模过程中，平均每个昆虫标本的建模时间在 5 min 以内，使建立昆虫三维标本信息库具有了可行性。通过批量压缩算法处理，每个昆虫模型生成的组图像文件一般都在 1 ~ 1.5 MB，完全可以在目前的互联网上快速传输。由于网站采用了代码静态化，虚拟交互操作完全在客户机器上运行，图像更新迅速，使昆虫的三维观察效果流畅逼真。这种三维影像建模技术可以很容易地应用到其他小型动植物的虚拟展示中，在算法和流程不变的情况下，适当调整拍摄装置就可以实现。

7 水稻作业区虚拟现实设计

7.1 观光农业园项目规划

观光农业是现代农业与旅游业相结合的一种新型交叉产业，如今已发展成为国内外服务业的一个新领域、新热点。目前，我国农业已由传统农业向现代农业迈进，观光农业正向休闲体验的多元化方向发展。通过建立农业观光园虚拟仿真系统，可以运行于互联网实现在网络上直接进行农业观光园的漫游，直观展示大田作物、棚室蔬菜、农机耕作等效果，让观光者足不出户就可以领略农业自然风光。

为了展示农业观光园虚拟仿真的优势，我们以 Unity 3D、Google SketchUp 和 3DS Max 等软件为支撑，以庆丰农场为例，建立虚拟仿真农业园，为农业信息化的发展提供理论依据。将观光农业园以漫游演示的方式展示给旅游者，使旅游者对观光农业园有了直观的了解，这不仅为观光农业园管理者提供了一个展示的平台，也提高了观光农业园的宣传效果。

本例选取了黑龙江省庆丰农场，位于虎林市境内，北依巍巍的完达山，南傍蜿蜒的穆棱河，东与俄罗斯隔乌苏里江相望。农场环境优美，地理位置优越，交通运输方便，通信设施齐备，公共设施日趋完善。因为庆丰农场具有典型的农场地形特征，四通八达的公路、大型水稻种植基地、机械化浸种、育秧大棚等一些现代化设备，对于其建立虚拟农业园很有代表性，能更加直观、明确地体现观光农业园虚拟仿真设计对现代化农业园的效果。

7.2 虚拟农业园地形

7.2.1 手工绘制农场地形

由于要模拟的是现代农场，农场的地形存在一些特殊性，主要包括大面积的作物田地、灌溉用的水渠和公路等，因此首先在 Unity 3D 中建立地形，但对于制作水渠方面存在一些问题，Unity 3D 中的下凹和提升都是随机的，要做出笔直的公路和整齐的水渠具有一定的困难。所以，采取了导出高度图的方法创建地形。

7.2.2 利用高度图生成复杂地形

首先在 Unity 3D 中做出水渠的深度和路面的高度，导出高度图，再在 Photoshop 中打开；然后根据高度图颜色的不同在 Photoshop 中画出水渠和道路，再导到 Unity 3D 中；最后为水渠和道路添加材质，即在 Photoshop 中做出水渠石砖的材质和公路的材质，导入 Unity 3D 中，使用笔刷进行绘制，注意调整好笔刷的大小和硬度，Photoshop 里的高度图与导入后的地形效果如图 7－1、7－2 所示。

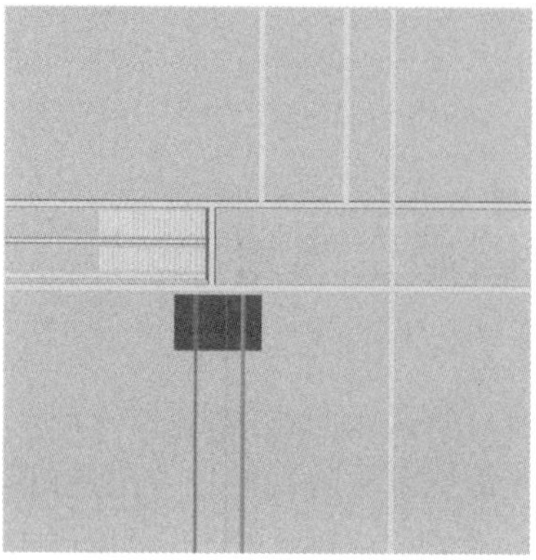

图 7－1 PS 里的高度图

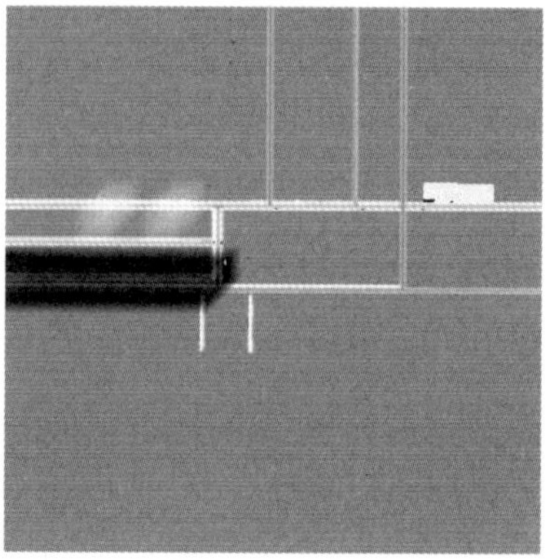

图 7－2 导入后的地形效果

7.2.3 利用外部模型导入生成地形

在 Unity 3D 的 Project 面板中新建一个文件夹，并将其命名为 Editor。在其文件夹下新建一个 JavaScript 文件，命名为 MountainsCreate。

把下面的代码拷贝到 MountainsCreate. js 上。

```
@ MenuItem ("Terrain/3DObject to Terrain")static function Object2Terrain ()
{
var obj = Selection.activeObject as GameObject;
if (obj.GetComponent(MeshFilter) = = null) {
EditorUtility.DisplayDialog("No mesh selected", "Please select an object with a mesh.","Cancel");
return;
}else if ((obj.GetComponent(MeshFilter) as MeshFilter).sharedMesh = = null) {
EditorUtility.DisplayDialog("No mesh selected", "Please select an object with a valid mesh.", "Cancel");
return;}
if (Terrain.activeTerrain = = null) {
EditorUtility.DisplayDialog( "No terrain found", "Please make sure a terrain exists.","Cancel");
return;}
var terrain = Terrain.activeTerrain.terrainData;         //If there's no mesh collider, add one(and then remove it later when done)
var addedCollider = false;
var addedMesh = false;
var objCollider = obj.collider as MeshCollider;
```

```
if (objCollider = = null) {
objCollider = obj.AddComponent(MeshCollider);
addedCollider = true;
}else if (objCollider.sharedMesh = = null) {
objCollider. sharedMesh = ( obj. GetComponent ( MeshFilter ) as MeshFilter ).
sharedMesh;
addedMesh = true;
}
Undo.RegisterUndo (terrain, "Object to Terrain");
var resolutionX = terrain.heightmapWidth;
var resolutionZ = terrain.heightmapHeight;
var heights = terrain.GetHeights(0, 0, resolutionX, resolutionZ);
//Use bounds a bit smaller than the actual object; otherwise raycasting tends to
miss at the edges
var objectBounds = objCollider.bounds;
var leftEdge = objectBounds.center.x - objectBounds.extents.x + .01;
var bottomEdge = objectBounds.center.z - objectBounds.extents.z + .01;
var stepX = (objectBounds.size.x - .019) /resolutionX;
var stepZ = (objectBounds.size.z - .019) /resolutionZ;//Set up raycast vars
var y = objectBounds.center.y + objectBounds.extents.y + .01;
var hit : RaycastHit;    var ray = new Ray(Vector3.zero, -Vector3.up);
var rayDistance = objectBounds.size.y + .02;
var heightFactor = 1.0 /rayDistance;
//Do raycasting samples over the object to see what terrain heights should be
var z = bottomEdge;
for (zCount = 0; zCount < resolutionZ; zCount + +) {
var x = leftEdge;
for (xCount = 0; xCount < resolutionX; xCount + +) {
ray.origin = Vector3(x, y, z);
if (objCollider.Raycast(ray, hit, rayDistance)) {
heights[zCount, xCount] = 1.0 - (y - hit.point.y) * heightFactor; }
else{
heights[zCount, xCount] = 0.0;}
x + = stepX;}
z + = stepZ;}
terrain.SetHeights(0, 0, heights);
if (addedMesh) {
objCollider.sharedMesh = null;}
if (addedCollider) {
DestroyImmediate(objCollider);}
}
```

将3DS Max 或 Maya 中制作的地形对象导入到 Unity 3D 资源文件夹中，模型名为 Mountains。

点击工具栏菜单中的 Terrain > Create Terrain，创建一个地形。

把导入的地形从 Unity 3D Project 面板中拖放到 Hierarchy 面板中。在 Hierarchy 面板中选中 Mountains 对象，然后选中工具栏菜单中的 Terrain > 3DObject to Terrain，此时就能看到导入的物体修改为地形了。

7.2.4 地形纹理的设计

地形纹理主要是根据不同的地表状况，覆盖不同的纹理。在本设计中，主要有黄土、水渠贴砖、地砖和公路四种纹理，利用地形工具，调整刷子的位置、大小，将不同地表刷出来。如图7-3至图7-6所示。

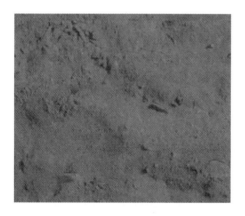

图7-3 黄土

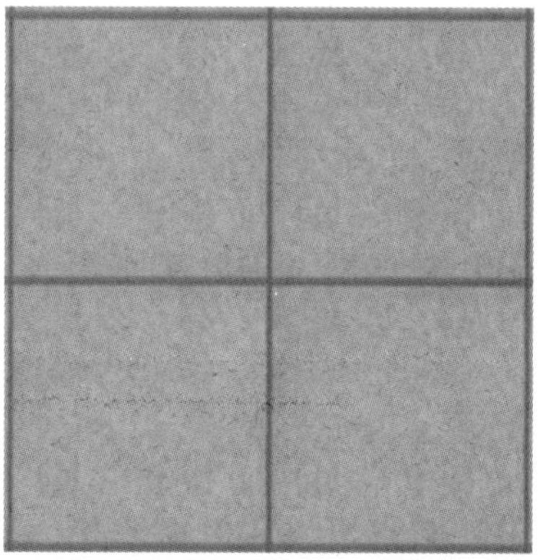

图7-4 水渠贴砖

图7-5 地砖

图7-6 公路

7.3 农业园设施建模

设施建模是景观的重要组成部分。建筑物模型数据是建筑物模型的几何数据,通过空间测量或图纸来获得建筑物的轮廓、高度、房屋顶角坐标等数据。在虚拟农场中,建筑物数量较少,也不是主要的景观。其中,构建建筑物模型有两种方法:第一种方法是根据二维建筑物轮廓和建筑物高度自动生成三维建筑物模型,此方法适合于外形比较规则的建筑物;第二种方法是通过专业建模软件对特殊建筑物建模,然后系统将其导入三维场景中,此方法适合处理外形不规则的建筑物。

在这里我们采用第二种方法,使用专业的三维建模软件 SketchUp 进行建筑物建模。使用软件 SketchUp 进行建模很方便,通常建筑物都有标准的 AutoCAD 图纸,参考这些图纸很方便进行三维建模。对于建筑物模型,主要采用多边形建模方法,生成. 3ds 格式的文件,再导入 3DS Max 中进行贴图,最终生成. FBX 格式的文件,导入虚拟现实软件 Unity 3D 中。

7.3.1 浸种催芽棚的建模

1. 模型的建立

首先根据图片规划好模型大小,然后在软件 SketchUp 中创建模型并导出. 3ds 格式,再次将. 3ds 格式导入到 3DS Max 中并保存成. MAX 格式,在 3DS Max 中进行修改,修改完成后导出. FBX 格式的文件,最后将. FBX 格式的模型导入到 Unity 3D 中进行进一步的修改,导出材质包。

由于浸种中心是个对称的建筑,因此在建模型时是先建其 1/4 的模型,最后复制出整体。

首先在软件 SketchUp 中创建 1/4 轮廓,建立地面长 18 000 mm,宽 57 000 mm,然后根据照片建立宽分别为 11 600 mm,10 172.9 mm,最后利用矩形工具和推/拉工具建立四周的框架,并利用直线绘制房顶,最终浸种催芽棚 1/4 轮廓图如图 7 - 7 所示。

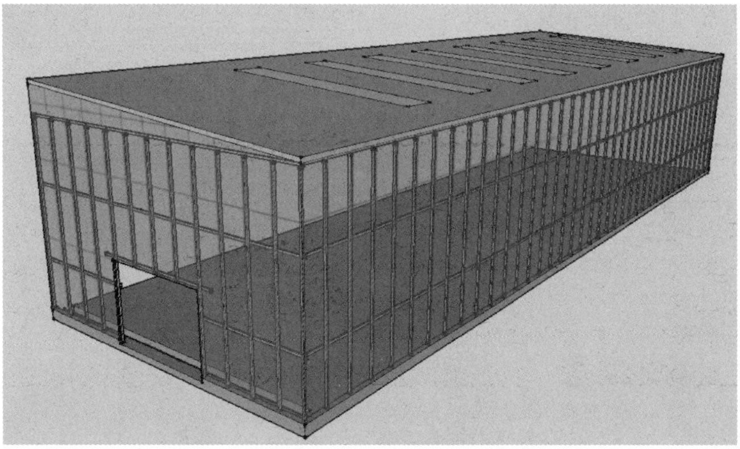

图 7 - 7 最终浸种催芽棚 1/4 轮廓

利用同样的方法建立浸种中心内部框架和房顶的支架。最终浸种催芽棚 1/4 内部框架效果图如图 7－8 所示。

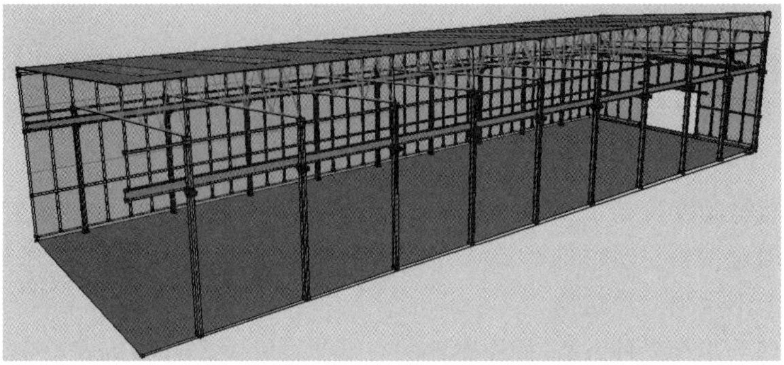

图 7－8　最终浸种催芽棚 1/4 内部框架

2. 贴图的制作

用 Photoshop 制作浸种中心玻璃墙、房顶竖形支架、房顶横向支架等素材，用矩形选框工具和填充工具绘制，并将背景填充成不透明度为 50% 的蓝色，绘制出立体的效果，并保存成. PNG 格式的文件，保存名为玻璃墙 2. PNG、保存名为_8. PNG、保存名为 FD. PNG，如图 7－9 至图 7－11 所示。

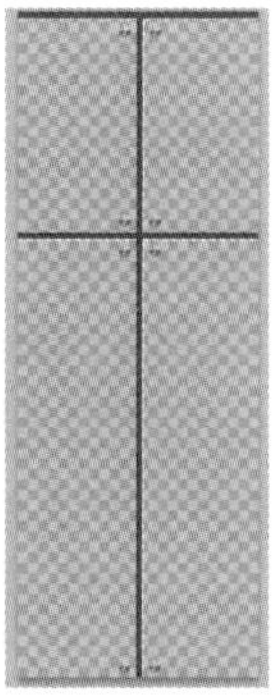

图 7－9　玻璃墙 2. PNG

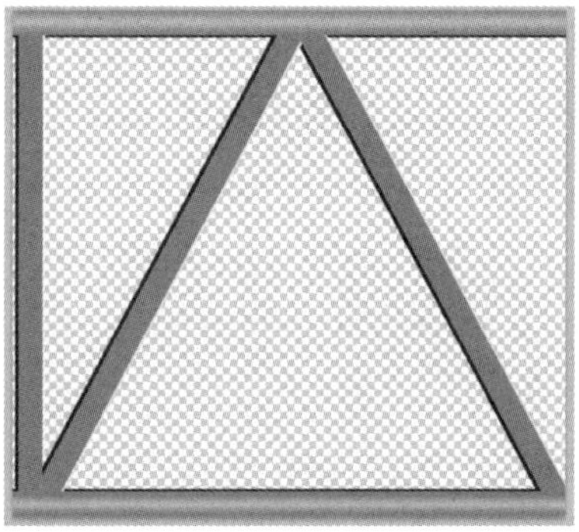

图 7－10　_8. PNG

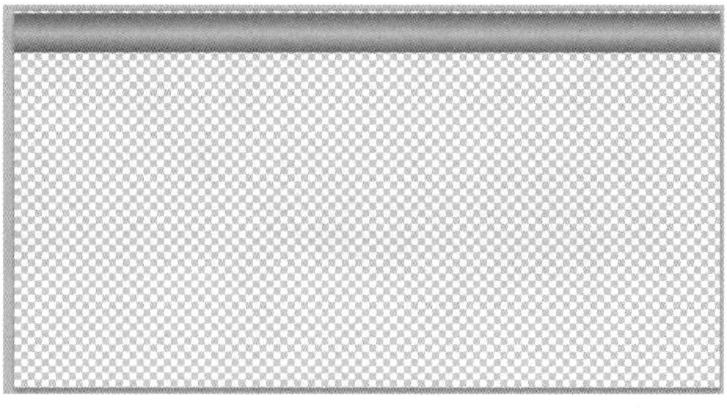

图 7－11　FD. PNG

为房顶创建材质，选择房顶，利用填充工具，在软件自有材质的百叶窗中选择“百叶窗 > 垂直 > 条纹 > 灰色”，并调整长宽为 1 000 mm，1 000 mm，为房顶填充材质。

同样框架及地板同样用这样的方法附加材质，最终浸种中心外部、浸种中心内部整体效果图如图 7 – 12 和图 7 – 13 所示。

图 7 – 12　浸种中心外部整体效果

图 7 – 13　浸种中心内部整体效果

7.3.2　园区控制室的建模

园区控制室模型的开发过程主要在软件 SketchUp 中实现的，在 3DS Max 环境下进行二次加工，配合 Photoshop 环境下制作的贴图文件，实现三维模型逼真、精简的特点。

1. 模型的建立

使用铅笔工具绘制出控制中心 1/4 楼体的闭合曲线，再使用推拉工具将闭合部分拉出，做出墙体的高度；设置楼的主体部分之后，多次重复进行铅笔画线及拉伸操作，制作出楼顶沿的效果；再使用六边形工具绘制出楼前柱子的界面图形，加之推拉工具，制作出楼前柱子的形态；同样再使用六边形线条工具及铅笔工具制作出楼顶小阁楼的效果；最后利用圆形工具及路径跟随操作，制作出圆顶效果。最终完成控制中心楼体模型的制作，如图 7 – 14 所示。

图 7－14　控制中心楼体模型

2. 贴图的制作

为了使窗户看起来与整个楼体更加协调一致、色调统一，同时也为了达到模型逼真精简的目的，要根据情况自行绘制楼体上的一切贴图，包括门窗、栏杆、瓷砖等。通过观察，共有六扇窗，一个门及场标和顶花，以及楼顶材质的贴图需要绘制。贴图的制作主要工作环境为 Photoshop，新建合适尺寸的画布，在 RGB 颜色模式下，对一系列贴图进行绘制，之后经过整个图层合并处理后，导出为. JPG 格式的可用图像文件，以备后期使用。控制中心墙体水泥贴图、场标及控制中心窗体顶花，如图 7－15 至图－17 所示。

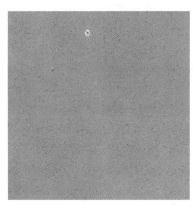

图 7－15　控制中心墙体水泥贴图

图 7－16　场标

图 7－17　控制中心窗体顶花

7.3.3　育秧大棚的建模

1. 模型的建立

使用 3DS Max 进行建模。制作方法如下。

(1)首先使用线工具画出育种大棚的横截面，然后使用挤出工具到适当长度，育种大棚的大框架就出来了。基底创建一个 box，转换成可编辑多边形，插入、删除上面的面。

(2)创建一个矩形制作门，绘制门把手。

(3)创建凹槽,创建一个box,长宽分段均为3,转换成可编辑多边形,插入,使用挤出工具将其向下拉,形成凹槽,将整个大棚填充满。

(4)创建大棚内支架,首先创建弧形支架用二维线画出支架的截面图,然后转换成可编辑样条线,导成轮廓,挤出。将其转换成线框显示,再使用圆柱工具创建其他支架,边数分为5,将整个育秧大棚填充满。

(5)在育秧大棚凹槽的下面创建两个育种大棚底面,为做动画打基础。

(6)通过上述方法可以得到育种大棚的模型效果图,如图7-18所示。

图7-18　育种大棚的模型效果图

2. 贴图的制作

在网上搜集相关图片,材质应包括土地、洒过种子的底面、基底的砖、育种大棚的整体颜色等。

经过大量的筛选,选择了以下几个图片。图片均是从网上下载的,未经过Photoshop处理的图片。基地、土地、洒种地图片如图7-19所示。

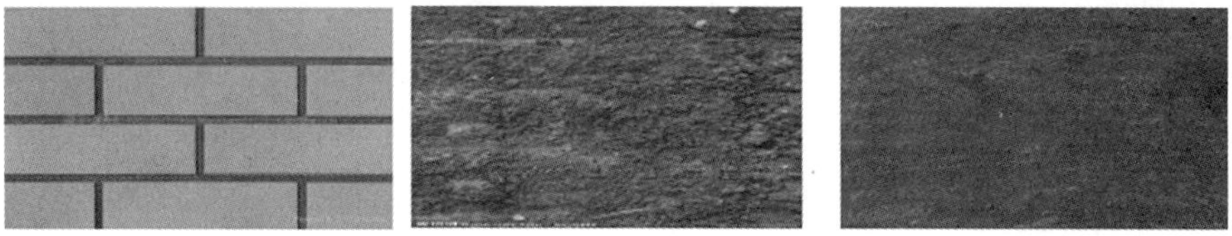

基地　土地　洒种地

图7-19　图片展示

选择模型的一个部分,在编辑面板下选择Edit Geometry下的Attach,附加整个模型,使建筑大棚成为一个整体。按下"M"键打开材质编辑器,选择一个材质球,在下面的面板中按下Standard按钮出现一个窗口选择Multi/Sub-Object多维子材质,这时会出现一列材质球。第一个ID为1的材质球Name为tudi按下后面的按钮,按下Diffuse漫反射后面的按钮,出现一个对话框,选择第一个Bitmap也是就位图选择。然后选择一个材质图片,我们选择用Photoshop编辑过的名为tudi. psd的图片。同上,第二个ID为2 Name为sazhongdi的材质球,位图选择名为sazhongdi. psd的图片。第三个ID为3 Name为jidi的材质球,位图选择名为 jidi 的图片，这样一个建筑大棚有三个子材质球的多维材质就完成了。

选中模型后选择编辑面板下的 Polygon 面选择器，选择模型的面，在编辑面板下的 Polygon Properties 属性下设置一下 Set ID 为 1，然后添加一个面选择器 Poly Select 这里所有 ID 为 1 的面加一个 UVW 贴图，在 UVW map 编辑面板下面的 Parameters 属性里设置 Mapping 贴图为 Planar，贴图数量 U tile 为 1。选择模型中底面上的三种层设置 Set ID 为 2，加一个面选择器再加一个 UVW map 贴图，设置 UVW 下的 Mapping 为 Planar 贴图。选择基底部分的所有面设置 Set ID 为 3，加一个面选择器再加一个 UVW map，设置 UVW 下的 Mapping 为 box 贴图，贴图数量为 U tile 为 1，V tile 为 1，W tile 为 1。

至此，模型的贴图已经附加完毕，贴图后的模型看起来更自然美观，最后的效果如图 7－20 所示。

图 7－20　大棚最后效果

7.3.4　水暖中心的建模

1. 模型的建立

在 SketchUp 中根据照片还原真实水稻种植园水暖中心的尺寸大小。最后设定的尺寸大致为长 21 m，宽 7 m，房顶高度为 5 m，屋顶上小房间为 2 m。

在开始的建模中，为了体现窗户的真实性，全部采用的是推拉、偏移等工具呈现出凹进或者凸出的效果，表示窗框及玻璃。

窗户制作的步骤如下。

墙体拉伸可以先不考虑窗洞的问题，在体块墙体拉伸完毕之后，再在墙面上开窗洞。开窗洞的方法不一，通常习惯的做法是把墙体边缘线偏移至应该开窗洞的边缘，上下左右各一条 a、b、c、d 线，之后将 a、b、c、d 四条线条中两端多余的部分删除，选中墙面上 a、b、c、d 四条线段围合成的区域，向建筑内部进行推拉命令（推拉深度与当面墙体的厚度一样）。窗框的制作在立面中运用矩形命令形成闭合窗框平面，之后对其进行拉伸，形成窗户，并将其编成组。如图 7－21 所示。

很多操作不当会直接影响以后的工作，例如进行合并和打组等，因此一系列的正确使用，在这里就显得尤为重要。

图 7－21　窗户的制作

2. 贴图的绘制

在实际应用中,我们常用 PS 修改图片的尺寸,比如在建模中我们需要在墙体上粘贴门窗的图片,此外也要有一定的效果,例如透明玻璃,或者阴影。

关于修改大小。任意开启一张影像,对着上面的标题列,按下滑鼠标右键,选择影像尺寸。接下来只要注意上方的像素尺寸即可,下面的文件尺寸是用来印刷使用,因此就可依需求来设定影像的尺寸。当影像缩小时,把影像重新取样设为两次立方较锐利。直接输入所需的档案大小,按下确定后,接下来就会自动计算出压缩比率,这时左侧就即时预览输出后的结果,若没问题的话,再按下储存钮。对着刚输出的档案按右键,选择内容选项,档案大小设定在 300 KB 以内。选择工具栏/文件/ 储存为网页与装置,进入后对着右侧的三角形点一下,选择档案大小最佳化选项。例如将窗户设置成合适大小,如图 7－22 所示。

图 7－22　贴图窗框截图

水暖中心最终效果如图 7－23 所示。

图 7－23　水暖中心最终效果

7.3.5　晾晒场建模

1. 模型的建立

依据实物图在 SketchUp 软件中按照 1:1 的比例建立水稻种植园晒场及仓库，完全模拟真实的场景，对水稻种植园晒场及仓库的外观起到重要作用，让人更直观地观察种植园和仓库。

(1)晒场和仓库的建立

①在工具栏中选择“矩形”工具，水平画出一个 66 500×271 100 mm 的矩形；

②选中这个矩形，右击/创建组，这样就可以把这个面变成了一个组；

③双击这个面，进入到组里来对这个面进行编辑，选中这个面，选择“推/拉”工具，将这个面拉出 2 350 mm 的距离；

④按照同样方法，作出另一个地面，尺寸为 153 700×189 100×2 350 mm，场地模型如图 7－24 所示。

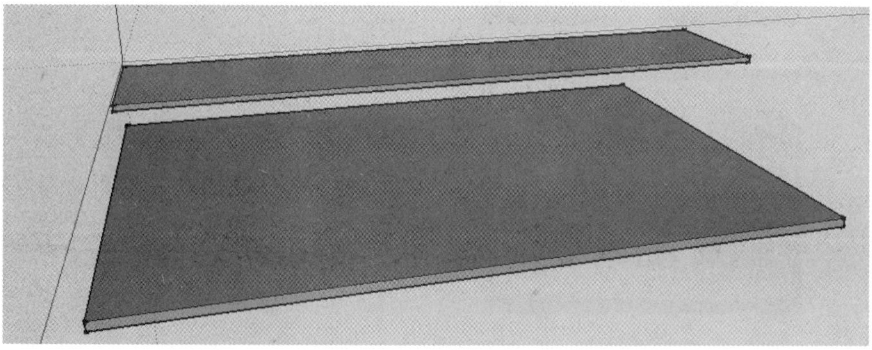

图 7－24　场地模型

(2)厂房的建立

①厂房主体:在第一个创建的场地上创建一个长×宽×高为10 000×41 000×5 500 mm的立方体作为厂房的主体。

②门:在长方体两侧,分别画一个长×高为4 000×3 000 mm的矩形来作为门,在其上方画一个长×高为4 000×100 mm的矩形,并拖拽出1 000 mm作为门上方的防雨台。用同样的方法在长方体正面的中心再画一个门。

③窗户:在长方体正面的大门两侧分别均匀画7个窗户,共14个窗户,在长方体的后面均匀画15个窗户,窗户的大小为800×700 mm。

④房檐:在长方体一侧上方边线的中点处向下画一条400 mm的线段,并连接到长方体的侧面边线,再连接中点到侧面的边线,如图7-25所示。

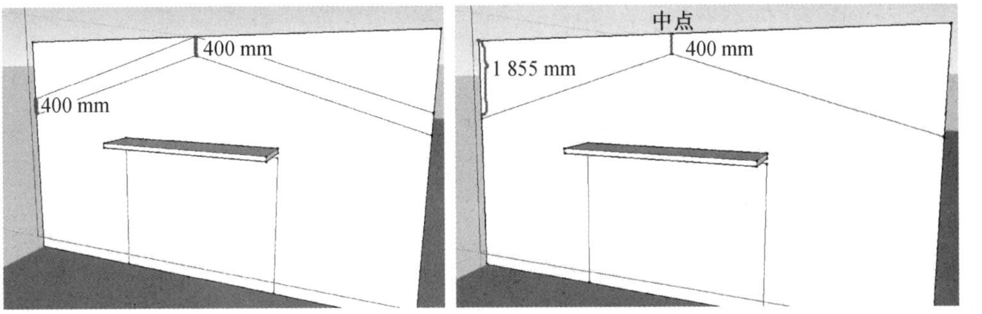

图7-25 房檐边线的绘画

2. 贴图的绘制

在贴材质时首先要做的就是检查所建模型的每个面是否都是正面,如果不是正面,要及时翻转过来再进行贴图。具体步骤是:选中要翻转的面,右击/翻转平面。

找一张水泥地的图片,保存起来,选择"颜料桶"工具,会出现材质对话框,单机创建"材质"按钮,在"创建材质"对话框中单机"浏览材质图像文件"按钮,选择水泥图片保存的位置,在"编辑"栏中可以定义图片的大小,然后给两块场地着色。

(1)墙壁:使用"颜料桶"自带的橘色作为墙壁的颜色。

(2)屋顶:在网上找一张类似实物图屋顶的图片。

(3)窗户:使用Photoshop软件进行绘制。

(4)厂房整体着色效果图,如图7-26所示。

7.3.6 观景台建模

1. 模型的建立

在SketchUp建造模型之前,需要在场景中绘制平面图,农场模型中观景台模型是最难做的部分,我们可以观察一些图纸和相应的图片,图纸中是观景台的三视图,首先需要看的是平面图,如图7-27所示。

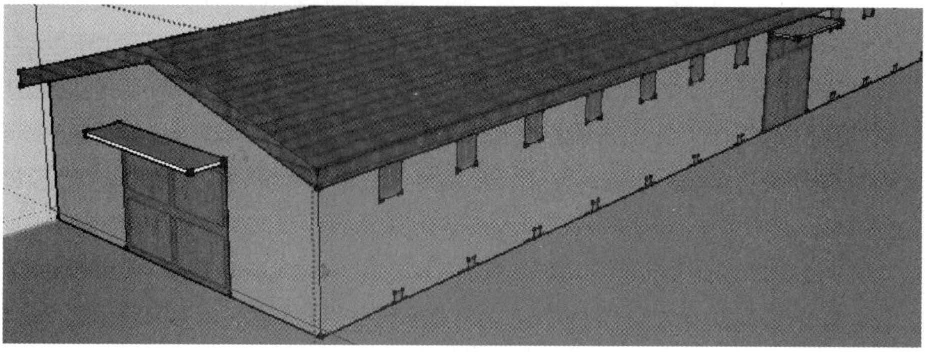

图 7-26　厂房整体着色效果图

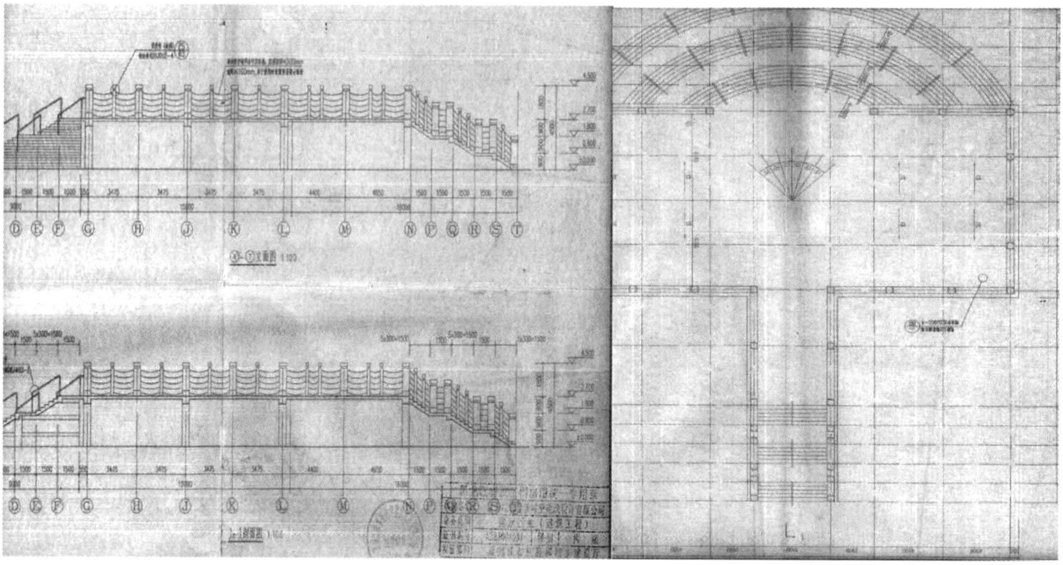

图 7-27　观景台平面图

根据上面的图纸和一些农场中的图片，可以在 SketchUp 中绘制出简单的平面图和一些辅助线，因为没有 CAD 图纸，所以我们需要在场景中做一些辅助线，这样才会避免一些错误。绘制出了农场的基本平面图和相应的辅助线，下面需要做的就是通过 SketchUp 软件中的推/拉工具把之前绘制好的图形根据侧视图拖拽到相应的位置，主要是柱子之间的距离一定要一致，每一个台阶的宽度都要计算好。之后可以使用推/拉工具对模型进行拖拽，根据图纸数据通过线条工具和推/拉工具制作出基本的模型。因为农场模型中观景台比较复杂，所以应该重点制作观景台模型，合理应用 SketchUp 的一些工具制作出观景台，其效果如图 7-28 所示。

2. 贴图的绘制

制作完成观景台之后要把材质赋予场景和观景台。首先要选择适当的材质，用 Photoshop 处理之后再到 SketchUp 进行贴图，需要的材质有地面材质、阶梯材质、木板材质、锁链材质等，如图 7-29 所示。

图 7 – 28 观景台最终效果

图 7 – 29 材质

有了材质之后就可以用材质进行观景台和农场模型的贴图工作了，在以贴图之前要检查一下模型所有的面是不是正面朝上，如果不是把面反转过来，然后在就可以进行贴图了。点击 SketchUp 工具栏中的油漆桶就可以调整这些材质的颜色和贴图的大小了。

制作完成材质之后，把材质赋予相应的模型，模型的每个面都要赋予相应的材质，如图 7 – 30 所示。

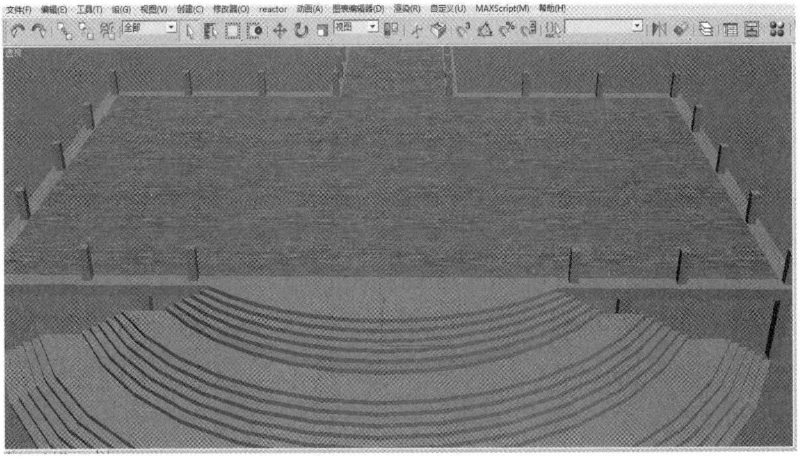

图 7 – 30 观景台最终效果

7.4　观光农业植物建模

农业园植物建模相对农业园设施建模比较复杂，可以分为面片花草、十字交叉树、仿真树等。其中，面片花草建模是利用图片建模的一种方法，这种模型的代价最小，只要一个面，仿真是将花草模型始终正面对着相机。一般使用 PNG 图片来保证镂空贴图效果。这种方法建立的模型立体感较弱，一般用于草地、花丛背景等建模。

十字交叉树是首先在 3DS Max 中建立两个相互交叉的平面，两个平面的交叉角为 90°，然后为两个相互交叉的平面设置真实树木的纹理，纹理图像采用 PNG 格式的图像。PNG 图像支持 Alpha 透明属性，可以对树木的透明色和不透明区域进行处理。十字交叉树木模型，可以从前后左右四个方向展示树木，使树木具有空间立体感。这种模型由于采用的是真实树木的照片，效果比较逼真，并且数据量少、处理速度快。十字交叉树是利用两个面进行垂直交叉来进行建模，PNG 图片双面贴图，建立的模型代价较小，具有一定的立体感，一般用于远景树木。

仿真树是系统自带或者研发者提供的各种树的模型。这种树效果最好，效果很逼真，可以具有风吹树动的效果，但面数较多，不适合大量使用。

7.4.1　水稻的建模

水稻模型主要是和片面花草一样，利用图片建模的一种方法，这种模型的代价最小，只要一个面。一般使用 PNG 图片来保证镂空贴图效果。

水稻模型需要在农田上大规模种植，与树一样的种植方法，使用代码可以准确地在想要种水稻的地方种上任意几行几列整齐的水稻，效果如图 7－31 所示。

图 7－31　水稻大规模种植

7.4.2 玉米的建模

玉米建模是在3DS Max下以米制单位建立的,可按十字交叉树方法建立玉米模型,其中使用了多边形建模、弯曲等操作,首先建立基本的树干和几片叶子模型;然后进行UVW展开操作,设置好后再进行合并,导出UVW模板图并在Photoshop中进行纹理处理;再重新添加到模型,显示正常后再进行其他叶面的复制及位置调整;最后附加为一个模型。

模型建立后,首先将模型缩小至原来的1/100,例如玉米原来是2 m高,缩小后为0.02 m高;然后再放大39.37%,再到点级别缩小到2.54%,这样玉米还是0.02 m高,但整个模型在缩小上有一个39.37%的比例因子,最后导出后大小才正常。下一步进行方向调整,将整个模型沿X轴旋转90°,再到点级别将全部点转-90°,这样模型方向不变,整个模型有了一个X方向上的旋转因子90°。调整轴心,一般比最下面根向上一点,防止在地面不平整时树离开地面。

从3DS Max中导出为FBX文件,同时导出材质,尺寸变换选择cm,方向z轴向上。导入到Unity 3D中,在项目面板中将FBX模型缩放因子由0.01改为1。

7.4.3 树的建模

在本例中,树的模型主要应用于道路两侧,不需要大规模种植,所以我们应用十字交叉树的方法建立树的模型。建立两个互相垂直的矩形面片并进行材质贴图,实现植物建模的方法称为十字交叉法。十字交叉树,如图7-32所示。这种方法创建的植物立体感较强,效果比较逼真,但当相机拉近或与面片成一定视角时,会加大图片的失真程度。上述两种方法都是采用面片贴图的方法创建植物模型,这种方法减少了模型的数据存储量,而图片的清晰度决定了模型的真实程度。

图7-32 十字交叉树

7.4.4 植物规范种植

农业园需要大规模种植水稻、玉米,而且道路两旁也需要种植行道树。单纯的用笔刷实现是不现实的。因为用这种方法是很费时费力的,并且作物是随机种上的,不能保证作物的范围和种植的数量,所以我们研究使用代码实现作物有规律的种植,这种方法可以规定在一定的范围种植几行几列和每行作物的数量，这大大减少了在种植作物上面所花的时间。具体实现代码如下。

```
using UnityEngine;
using System;
using System.Collections;
using System.Collections.Generic;
    [ExecuteInEditMode()]
public class PlantScript : MonoBehaviour
{
  public void Start()
  {
    Terrain terComponent = (Terrain) gameObject.GetComponent(typeof(Terrain));
    if(terComponent = = null)
      Debug.LogError("This script must be attached to a terrain object - Null reference will be thrown");
  }
  public void NewPlant()
  {
    GameObject plant = new GameObject();
    plant.name = "Plant";
    plant.AddComponent("AttachedPlantScript");
    AttachedPlantScript APS = (AttachedPlantScript)plant.GetComponent("AttachedPlantScript");
    APS.plant = plant;
    APS.parentTerrain = gameObject;
    APS.NewPlant();
  }
}
```

树木规范种植效果如图 7－33 所示。

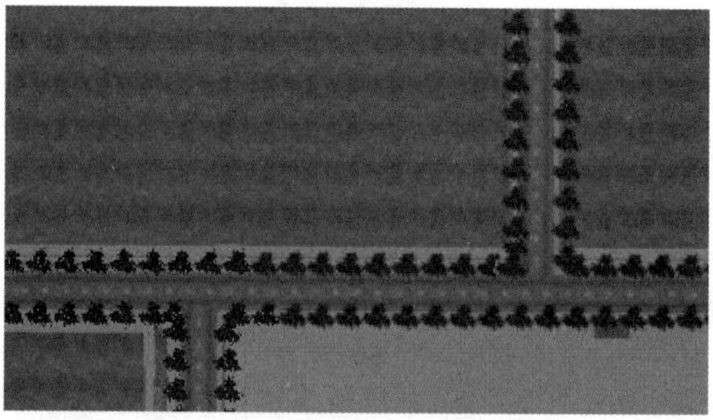

图 7－33　树木规范种植效果图

7.5　虚拟农机

农机模型在所有的建模中是比较复杂的，要考虑农机具的图纸、各个零件及运动方式等很多问题。由于所做的是农场观光旅游，对于农机具的要求不是很高，因此我们采取在模拟农场游戏中导出农机具的模型并加以修改。

7.5.1　农机建模及仿真

在模拟农场游戏中导出农机具的模型具体方法如下。

(1)在游戏文件夹下/data/vehicles(交通工具)/steerable/deutz，有许多拖拉机模型。选择扩展名为 i3d 的文件是模型文件，dds 是贴图文件。(这里需要安装 DDS 插件，安装完 dds 插件后，找到安装地址，找到 file formats 和 fifters 文件夹，把内容复制到 Photoshop 下的 plug - ins 下的同名文件夹下即可，如果没有同名文件夹与 *.8bi 在同一位置即可)。

(2)选择一个模型，扩展名为.i3d，把所有同名的全部复制出去，打开扩展名为 i3d 的文件，导出.obj 格式，可以导入 3DS Max 中。

(3)在 3d 中打开模型，先存成 max 文件，再做修改，再另存。

(4)在 PS 中打开 dds 文件，直接存储为 PNG 格式，作为模型贴图。

需要注意的是，导入 3DS Max 中的模型有一些面是反的，需要逐一进行翻转。贴图时 UV 贴图也会存在问题，需要注意，如图 7 - 34 所示。

图 7 - 34　农机模型

7.5.2　撒肥机仿真

撒肥机是比较复杂的机械系统，为了保证仿真结果与真实接近，所有的零件都严格按照电子版图里提供的数据进行 1:1 建模。使用 Pro/E 软件建立各个零件的实体模型，并将零件装配为整机。用 3DS Max 导入装配好的整机模型，根据各个部件运动的实际情况，调整轴心位置并附加材质。最后将模型导出为.FBX 格式，放在 Unity 3D 软件工程文件的根目录下，如图 7 - 35 所示。

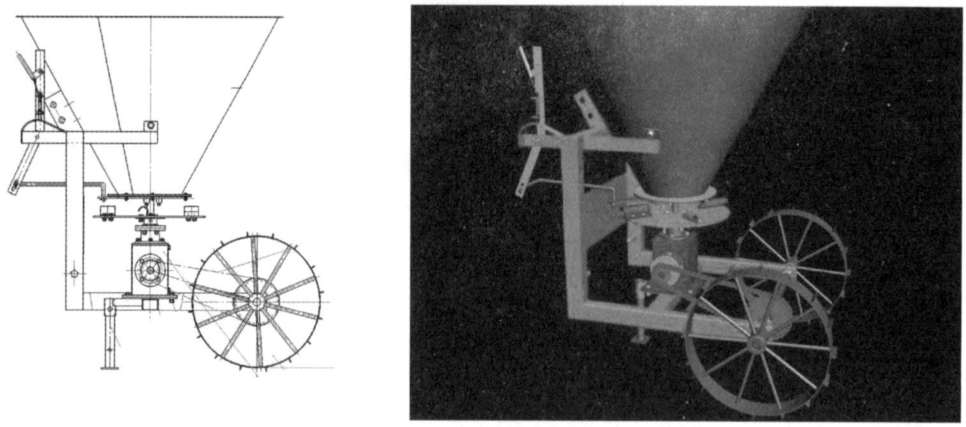

图 7－35　撒肥机

7.5.3　动力传动仿真

撒肥机行进时,地轮带动链轮上的大轮转动,由于两轮同轴,因此传动比为 1:1。大轮通过链条带动小轮转动,传动比为两轮齿数的反比 13:30,小轮带动齿轮箱里同轴的主动锥齿轮转动,传动比为 1:1,主动锥齿轮带动从动锥齿轮转动,传动比为齿数反比 20:36,最后动力传递到撒肥盘。传动流程如图 7－36 所示。

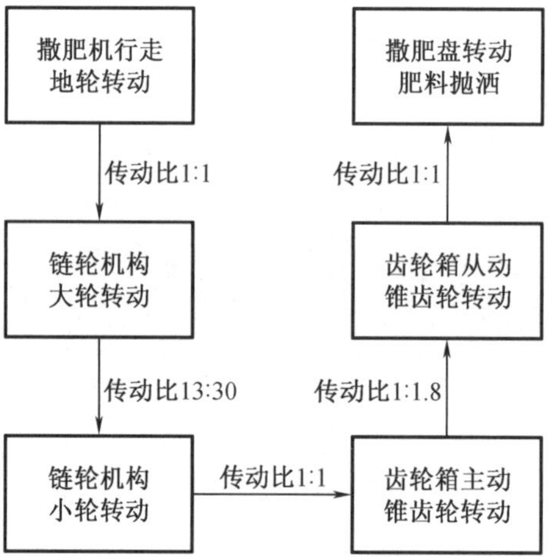

图 7－36　传动流程图

7.5.4　撒肥效果模拟

为了查看撒肥机的撒肥效果,需要对撒肥效果进行模拟。当撒肥机作业时,打开撒肥箱底部开关,肥料由于重力自动下落到撒肥盘上,通过圆盘的转动,肥料被推肥板撞击并推到撒肥盘的边缘,此时肥料在离心力的作用下抛出。撒肥效果如图 7－37 所示。

图 7－37　撒肥机撒肥效果

7.6 本章小结

本章利用虚拟仿真技术对水稻作业区进行制作，包括作业区、控制区、作业区内植物，以及虚拟农机的建模，尝试了对多种物体建模与贴图的技巧。同时在本章中实现了对农场进行虚拟漫游导航的设置，这是虚拟现实技术在现代化大农业中的又一应用。

参 考 文 献

[1] 喻晓和. 虚拟现实技术基础教程[M].3 版. 北京:清华大学出版社,2021.

[2] 张娟. 虚拟现实技术概论[M]. 北京:电子工业出版社,2021.

[3] 何志红,孙会龙. 虚拟现实技术概论[M]. 北京:机械工业出版社,2019.

[4] 唯美世界,瞿颖健. 中文版 Photoshop 2020 从入门到精通[M]. 北京:中国水利水电出版社,2020.

[5] 布莱恩·伍德. Adobe Illustrator 2020 经典教程(彩色版)[M]. 北京:人民邮电出版社,2021.

[6] 李智君. 中文版 SketchUp Pro 2019 完全实战技术手册[M]. 北京:清华大学出版社,2020.

[7] 来阳. 3DS Max 2020 从新手到高手[M]. 北京:清华大学出版社,2020.

[8] 李俊军. 基于 Unity 3D 的室内建筑三维建模与交互系统实现[D]. 北京:中国矿业大学,2014.

[9] 王瑞清. 基于 Pro/E 的液压支架虚拟机设计与研究[J]. 煤矿机械,2014,02:30-31.

[10] 张园园,刘桂阳. 观光农业园虚拟仿真设计[J]. 黑龙江科技信息,2013,36:138.

[11] 师翊,刘桂阳,刘金明. 基于 Unity3D 的撒肥机虚拟仿真[J]. 农机化研究,2014,07:62-66.

[12] 张毅. 基于 HLA 和 Unity3D 的视景仿真技术研究与应用[D]. 西安:西安电子科技大学,2014.

[13] 张颖. 虚拟视景漫游中碰撞检测技术研究[D]. 长春:吉林农业大学,2014.

[14] 师翊,李思莹,李媛媛,等. 资源动态加载算法在农机仿真平台中的实现[J]. 网络安全技术与应用,2014,09:34-36.

[15] 宣雨松. Unity3D 游戏开发[M]. 2 版. 北京:人民邮电出版社,2018.

[16] 杨浪. Unity 中的碰撞检测方法研究[J]. 软件导刊,2014(7):24-25.